見てわかる
数学入門
ショートストーリー200

MATHS IN MINUTES: 200 Key Concepts Explained in an Instant

ポール・グレンディンニング【著】

石井源久・海野啓明・日野雅之【訳】 宮崎興二【編訳協力】

丸善出版

MATHS
IN MINUTES

by

Paul Glendinning

はじめに

　数学は 4000 年もの時を超えて発展してきました．今でも紀元前 3000 年ごろバビロニア人が使っていた 360° に従って角を測ります．紀元前の古代ギリシャ人は無理数を知っていたうえ幾何学を自由に使っていました．紀元後にはインド人によって 0 が発見され，その 0 を数とする代数学がイスラムの人びとによって広められています．

　このように数学が豊かな歴史をたどってきたのには，はっきりした理由があります．科学や技術，経済などの分野の言葉として驚くほど便利であり，知的活動を活発にする道具として非常に役立ったのです．また古くから確立されていた伝統的な分野への鋭く緻密な接近手段，あるいは新しい研究開発の分野における発見や発明の手段，としてなくてはならないものでした．最近では数学を基礎にするコンピュータが未知の現象を説明する新しい道具となってきています．

　こうした数学の世界のすべてを 200 ばかりの短編物語で説明できるはずはありません．したがって本書では，古代から現代にわたって成し遂げられた数学上の成果の目立つものだけをいくつか紹介します．途中，細部にわたることもありますが，そのときは，話題の核心部分にだけ焦点を当てることにします．

　取り上げる成果は互いに関連し合っていることが多いです．それで本書では，同じ範疇に属する問題についてはうまく繋がるように並べました．その場合，遠く離れながらも深く関係し合っていることがあることに注意して欲しいです．

　要するに本書には，4000 年にわたる人類の気の遠くなるような数学的努力の結実がまとめられていて，それは努力の最終的な結果を見せるだけではなく，今後の発展の礎にもなります．著者は本書が将来の勉学やより深い研究に向けての跳躍台となることを深く願っています．

2011 年 10 月　オーストラリア，マーズデンにて

ポール・グレンディンニング

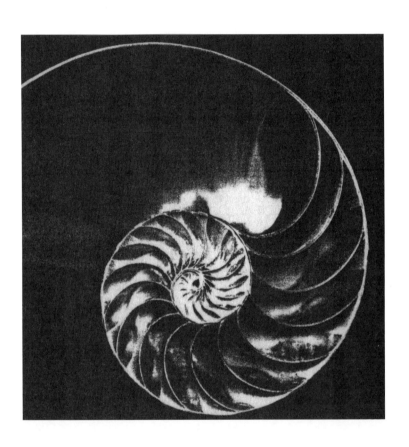

目　　次

［注］本文中に出てくる上付きの★は訳注（巻末掲載）がある箇所をさす

 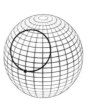

⬚1 数入門

　数は，最も基本的には量を表す形容詞です．例えば「3脚の椅子」や「2匹のヒツジ」のように言うではありませんか．とはいえすぐ分かるように「2匹半のヒツジ」というのは意味がありません．つまり数には形容詞のようでも形容詞とは違う使い方と意味があることになります．

　それが分かっていたのか，古代の人びとはさまざまな方法で記号的な意味を与えながら数を使っていました．例えば，図の1段目に示すエジプトのヒエログリフでは，左側のスイレンで数の1000を表しています．といってもこの方法は美学的にはいいのですが計算には向いていません．

　その後，数がより広く用いられるようになるにつれて，数を表す記号はもっと簡単になりました．ローマ人は，図の2段目に示すようなごくわずかの基本的な記号を用いて，かなり広い範囲の数を表しています．それでも大きな数の計算をするにはまだ不便でした．それでやがて図の3段目に示すようなアラビア・インド数字や最下段のアラビア数字つまり算用数字が工夫されました．

　現代の数の体系は，紀元前1世紀ごろのアラビア数字を使うアラビア文明の発展のもとに生まれています．それは10を基数に使う10進法（⬚6参照）だったので，計算がとても簡単にできるようになりました．

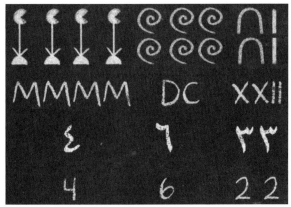

② 自然数

　ここで言う自然数とは，普通に数える数（0, 1, 2, 3, 4, …）のことで，0 は含めますが無限大は含めません．この自然数を数える習慣は，図のように，貿易，科学技術，文書作成などを必要とする複雑な社会の発展と密接に関係してきました[*]．

　数を数えるためには数のみならず加算そして減算といった演算も必要です．そうした演算がさまざまに工夫されると，数はいろいろな演算方法が並ぶ事典の用語の一つになり単純に個数を表すのでなく，互いに変換しあう記号になりました．加算が理解されれば，それを掛け算つまり乗算に変換して和の和がすぐ求められることになるわけです．例えば 6 個の物からなるグループが五つあるなら全体で何個になるでしょうか．一方，割り算つまり除算によって乗算の逆の演算をする方法が見つかります．例えば 30 個の物を五つのグループに等しく分けるとき各グループは何個ずつもらえるでしょうか．

　ただし別の問題が生まれます．31 個を五つのグループに等しく分けるとはどういう意味でしょうか．また 1 から 10 を引くとはどういうことでしょうか．これらの問いに答えるには自然数だけの世界をもっと拡張する必要があります．

③ 1

　数の1は，ゼロと共にあらゆる算術の核心に置かれるとともに1個の物の形容詞となります．さらに1は，数え上げにおける単位として，それ自身を加えるか，または引くかを繰返して行うと，正と負のふつうの数の全体，すなわち整数を作ることができます．この整数を作ることが，もしかすると最も初期における計算かもしれず，もしそうだとすると，その起源は先史時代にさかのぼることになります．加えて，1は乗算において特別の役割があります．つまりどんな数に1を掛けてもその数になります．そのため乗算の単位元と呼ばれています．

　1は特異な振る舞いをするたぐいまれな性質ももちます．つまり他のすべての数を割り切る因数であり，ゼロでない最初の数であり，そして最初の奇数なのです．図はそのことを象徴しています[1]．この数は，また，数学や科学の計算において比較のための単位を与えます[2]．

④ ゼ ロ

ゼロは複雑な内容をもった哲学的な数です．そのため長い間，名前も記号も付けられませんでした．

最も初期に現れたゼロの記号は，他の数の間に隠れるように使われ，無いことを示しています．例えば，古代のバビロニアの数体系では，数の間にあるゼロには代用の記号が用いられましたが，数の最後に来る場合は何も書かれませんでした．ゼロを他の数と同様なものとして最も早く明確に使ったのは9世紀ごろのインドの数学者たちです★．

哲学的な内容とは関係なく，初期の数学者にとってゼロは他の数のように扱えるわけではなく，ゼロを数としてなかなか受け入れなかったのです．例えば，ゼロで割ることは意味のないことです．また，どんな数であろうとゼロを掛ければ結果はゼロになります．とはいえ，1が乗算において果たす役目を，ゼロが加算で果たしています．加算ではどんな数にゼロを加えても元の数に等しくなるので，加算単位元として知られています．

⑤ 無限大

　無限大（図に見るように数学記号では∞）とは簡単にいえばどこまでも大きくなるということです．どこまでも大きくなる物事には限界がありません．といっても数学に関わればたいていはその無限大に出会います．つまり多くの数学的な議論や技術は，ある無限のリスト（一覧表）から何かを選んだり，ある問題が，無限の極限に向かって無限大に至る際に何が起きるかを調べたりすることに関わっています．

　数あるいは他の物事を無限個集めたものを無限集合と言います（㉑参照）．このことは数学の一つの要所になっています．例えば数学的に考えると，無限集合には多くの種類があることになり，したがって無限大には幾つか異なるタイプがあるという美しい結論が導かれます．

　実際には，無限集合には限りなく多くの種類があります．このことは不自然に見えるかも知れませんが，数学上の定義から必然的に導き出されるのです．

⑥ 位取り記数法

　位取り記数法とは，数を書き並べる一つの方法です．ふつうに使われている 10 進法では，数（10 進数）は，例えば 434.15 のように表されます．この中の数字はそれぞれ 100，10，1，1/10，1/100，1/1000 などの単位をもち，$434.15 = (4 \times 100) + (3 \times 10) + (4 \times 1) + \left(\frac{1}{10}\right) + \left(\frac{5}{100}\right)$ となります．左辺の数字列は単に 10 のベキ乗の和を簡潔に表したもので（11 参照），任意の実数（8 参照）はこの方法で書き表すことができます．

　ところで，この 10 進法つまり「基数は 10」には特別な意味はありません．というのは，434.15 は任意の正の整数 n を基数とし，0 から $n-1$ の数字が n のベキ乗を単位としてもつような n 進数に書き換えることができるからです．例えば帯分数 $8\frac{5}{16}$ の場合，基数を 2 とする 2 進数で 1000.0101 と表すことができます．小数点より左側の単位は 8，4，2，1 となり，右側の単位は $\frac{1}{2}$，$\frac{1}{4}$，$\frac{1}{8}$，$\frac{1}{16}$ となっています*．ほとんどのコンピュータはこの 2 進法を採用していますが，その理由は二つの数（0 と 1）を使う方が，電子的に作動させやすいからです．

10 進数	2 進数
0	0
1	1
2	10
3	11
– – – – –	– – – – –
10	1010
11	1011
12	1100

⑦ 数直線

　数直線は，数学の演算の意味を考えるために便利な道具です．ふつうは図のように水平線で表され，０を中心として一方向（図では右方向）に正の整数，残る方向に負の整数を示す目印が刻まれています．つまり数直線上に刻印された目印の全体は整数の集合です．

　この数直線上に正数を加えるということは，目印を，その正数に等しい距離だけ右方向に動かすことを意味し，同じく，正数を引くということはその正数に等しい距離だけ左方向に動かすことを意味します．したがって，図のように，例えば１から６を引くことは１を左方向に６コマ移すことになり，結果は −５ となります．また３に４を加えることは３を右方向に４コマ移して７とすることになります．

　数直線上の整数の間には他の数，例えば 1/2, 1/3, 1/4 などとそれらの倍数があります．これらは，整数をあるゼロでない整数で割ってできる比つまり分数となり，数直線をさらにより細かく割った目印で表されて，分数と整数とを合わせて有理数の集合を作ります．

　では，数直線は有理数によって完全に埋め尽くされるでしょうか．実は，例えばゼロと１の間のほとんどすべての数は，有理数つまり整数の比としては表すことはできない無理数となっていることが分っています．無理数は 10 進法の小数で表すと限りなく続きますが，どこまでいっても循環することはありません．こうした有理数と無理数がすべてそろった集合が実数です．

⑧ 数の族

　数は，特定の性質を共有する族に分類することができます．その分類方法はたくさんあります．実際に数が無限個あるように数を分割して，お互いに区別する仕方も限りなくあるのです．

　例えば物事を数えるための数は，ゼロより小さい数をも含む整数と同じ族です．有理数はもう一つの族を構成しますが，それを超えてさらに大きな族である無理数も定義されます．代数的数および超越数（⑯参照）の族は，別の性質によって定義されますが，これらのすべての族はまとめて実数となります．その実数の定義は虚数（⑳参照）とは相入れません．

　ある数について，それがある族の仲間であると言えば，その数がもついろいろな性質を簡潔に表現することになります．つまりその数がどのような数学上の性質をもっているかを明らかにする簡便な方法となります．このような族は，ふつう，数列や規則をどのようにして作るかを示す関数よって生まれます．逆に言うと，直感的に理解できる族を作る数列を導く関数や規則を考えることができます．その例を以下に示します．

　例えば，偶数は直感的に分かりますが，数学的には，n をある自然数として，$2 \times n$ の形のすべての自然数であると定義することもできます．同様に，奇数は $2n+1$ の形の自然数となります．また，素数は 1 より大きく，その約数は 1 とその数自身しかない数です．

　他の族も数学において自然に現れます．例えばフィボナッチ数（1, 2, 3, 5, 8, 13, 21, 34, …）ではそれぞれの数は先行する二つの数の和です．このパターンは生物学と数学の両方に自ずと現れます（⑳参照）．フィボナッチ数はまた黄金比と密接な関係があります（⑮参照）．

　その他の例では，掛け算表は一つの数に正の整数を順次掛けて作ります．また平方数は各自然数を 2 乗したもので，n の n 倍，n^2，または n の平方と表されます★．

⑨ 数の連結

　二つの数を結びつけるにはいくつかの異なる方法があります. つまり, 加えれば和になり, 引けば差になり, 掛け合わせれば積になります. さらに, 除数がゼロでなければ割ることができて二つの数の比になります. といっても実際には, $a-b$ を $a+(-b)$ とし, $\frac{a}{b}$ を $a \times \left(\frac{1}{b}\right)$ と見れば, 本当に必要な演算は加算と乗算だけになります. ただし, 逆数 $\frac{1}{b}$ を知っておく必要があります.

　加算と乗算は可換と言われます. 演算結果は二つの数の順序には影響されないという意味です. しかし, より複雑な計算になると, その順序により結果に違いが出ることがあります. そうした順序を明確にするために, ある約束事が考案されました. そのうち最も重要なのは ( ) の中の計算を優先するということです. 加算と乗算は ( ) のつけ方に関して結合性と分配性として知られる一般則を守ることになっています. それらを図に示します. そのうち可換性には $xy = yx$ もあります.

$$可 \quad 換 \quad 性$$
$$x + y = y + x$$

$$結 \quad 合 \quad 性$$
$$(x + y) + z = x + (y + z) = x + y + z$$
$$(xy)z = x(yz) = xyz$$

$$分 \quad 配 \quad 性$$
$$x(y + z) = (xy) + (xz)$$
$$(y + z)x = (yx) + (zx)$$

⑩ 有理数

　有理数は，図のように，一つの整数を他のゼロでない整数で割る数になっています．つまり分数または比の形をとっていて，一つの数である分子をもう一つの数である分母によって割ったもの（商）として表現されます．

　小数で表される場合の有理数は，有限個の数の並びで終わる有限小数か，または有限個の数の並びが限りなく繰り返される循環小数かのどちらかになります．逆に，有限小数または循環小数になるものは，どのような小数であろうと有理数でなければならないので必ず分数で表現できることになります．例えば，0.3333333…は循環小数で表された有理数ですが，これを分数で表すと $\frac{1}{3}$ となります★．

　整数は無限個あるので，二つの整数どうしの割り算になった有理数が無限個の平方倍あると分かっても意外ではありません．しかしその結果として，整数が無限個あるよりも有理数が「もっと大きな無限個」あるとは言えません．同じ無限個なのです（㉗参照）．

⑪ 平方，平方根およびベキ

　任意の数 x の平方あるいは 2 乗は，その数にそれ自身を掛けた積で x^2 と表されます．図のチェス盤は 8^2 を見せます★．平方という用語の起源は（縦横が等辺の）正方形の面積が等しい長さの 2 辺を掛けたものになっているところにあります．

　どんなゼロでない数でもその平方は正です．二つの負数の積は正だからです．またゼロの平方はゼロです．逆に，任意の正数は，二つの数 x および $-x$ それぞれの平方でなければなりません．この x および $-x$ は元の正数の平方根です．

　より一般的には，ある数 x にそれ自身を n 回掛ければ x の n 乗となり，n をベキと言って x^n と記されます．

　ベキには

$$x^n \times x^m = x^{n+m}, \quad (x^n)^m = x^{nm}, \quad x^0 = 1, \quad x^1 = x, \quad x^{-1} = \frac{1}{x}$$

のような組み合わせの規則（指数法則）があり，さらに式 $x^n \times x^m = x^{n+m}$ から，ある数の平方根はその数の 1/2 乗とも考えられます．つまり $\sqrt{x} = x^{\frac{1}{2}}$ です．

⑫ 素　数

　素数は正の整数で，それ自身と1だけでしか割り切れません．定義により1は素数とは考えません．2から数えて最初の11個の素数は2，3，5，7，11，13，17，19，23，29 および 31 ですが，素数は無限に存在します．一方，2は唯一の偶数の素数です．1でも素数でもない数は合成数と呼ばれます．

　あらゆる合成数は，素数の約数つまり素因数に分解され，それらの積としてひと通りに表されます．例えば，$12 = 2^2 \times 3$，$21 = 3 \times 7$，および $270 = 2 \times 3^3 \times 5$ です．素数それ自身は素因数に分解されず正の整数を構成する基本的な単位となります．

　ある数が素数かどうかを決めたり，合成数の場合は素因数を見つけたりする計算は，数が大きくなれば極めて難しくなりますので，暗号化システムの絶好の基礎となります．

　見つかっている素数を集めたものにはさまざまな奥深いパターンがあります．数学上の偉大な仮説の一つであるリーマン仮説（⑮参照）はそのような素数の分布に関係しています．

1	2	3	4	5	6	7	8	9	10
11	12	13	14	15	16	17	18	19	20
21	22	23	24	25	26	27	28	29	30
31	32	33	34	35	36	37	38	39	40
41	42	43	44	45	46	47	48	49	50
51	52	53	54	55	56	57	58	59	60
61	62	63	64	65	66	67	68	69	70
71	72	73	74	75	76	77	78	79	80
81	82	83	84	85	86	87	88	89	90
91	92	93	94	95	96	97	98	99	100

丸印は1から100までに現れる素数[*]

⅓ 約数と余り

　ある数で別の数を割り切ることができて余りが無いとき，ある数は別の数の約数であると言われます．4は12を正確に3分割できるから12の約数です．その場合，割る数4は除数，割られる数12は被除数と呼ばれます．

　では13を4で割るとどうなるでしょうか．この場合，4は13の約数になりません．この計算の答を表す一つの方法は，3余り1で13＝12＋1となります．そのうち1を4で割ると分数 $\frac{1}{4}$ になります．したがって13/4＝$3\frac{1}{4}$ となります．

　3と4は共に12の約数です．1，2，6と12も同じく12の約数です．もしある自然数 p を別の0以外の自然数 q で割るときに q が p の約数でないならば，q より小さい余り r が必ずあります．これから一般に $p = kq + r$ が成り立ちます．ただし，k は自然数，r は q より小さい自然数です．

　任意の二つの数 p と q に対して，その最大公約数 GCD（greatest common divisor の頭文字）は最大の共通因子であり，p と q の両方の約数のうちで最大の数です．1は明らかに二つの数の約数ですから，GCD は必ず1以上になります．もし GCD が1ならば，二つの数は互いに素であると言われます．このとき，二つの数には1以外の正の公約数はありません．

　約数は完全数と呼ばれる数の族を作ります．完全数とは，自分自身を除く正の約数の総和が自分自身に等しくなる数です．

　最初の完全数は6で，1＋2＋3，2番目は28で，1＋2＋4＋7＋14，3番目は，見つけるのは大変ですが，496で，1＋2＋4＋8＋16＋62＋124＋248になります．

　完全数は数が少なく探すのが難しいため．無数に存在するか，またそれらはすべて偶数か，といったいくつかの重要な問題があり，まだ決定的な答は見つけられていません．

⑭ ユークリッドのアルゴリズム

アルゴリズムとは，ある問題をひと組の規則に従って解くための算法です．ユークリッドのアルゴリズムはユークリッドの互除法とも言われ，紀元前 300 年ごろに定式化されたアルゴリズムの初期の例です．それは二つの数の最大公約数 GCD を求めることを目的にします．

図に示すように，ユークリッドの互除法は，最も素朴には，二つの数の GCD は，より小さな数と二つの数の差の GCD と同じであるという性質を用います．つまり一対の数のうちより大きな数を繰り返し取り去れば，二つの数の大きさを減らすことができ，最後には一つの数がゼロになって GCD が求まります．

より効率的な標準的なアルゴリズムでは，大きな数を小さな数で割ったときの余りで置き換えることを，余りがゼロになるまで繰り返します．

こうしたアルゴリズムは計算機科学に不可欠で，現代のほとんどの電子装置は有益な出力を生成するためにいろいろなアルゴリズムを使っています．

【585 と 442 の最大公約数 GCD を見つける問題】
　素朴なユークリッドの互除法：15 ステップ
　　$585 - 442 = 143$，　したがって 442 と 143 を考えよ．
　　$442 - 143 = 299$，　したがって 299 と 143 を考えよ．
　　$299 - 143 = 13$，　　したがって 143 と 13 を考えよ．
　　$143 - 13 = 130$，　　したがって 130 と 13 を考えよ．
　　（これで答えは明らかであるが，さらに 13 を 9 回引け）
　　$13 - 13 = 0$，したがって GCD は 13．
　標準的なユークリッドの互除法：3 ステップ
　　$\frac{585}{442} = 1$（余り 143），$\frac{442}{143} = 3$（余り 13），$\frac{143}{13} = 11$（余り 0）
　　したがって GCD は 13．

---

⑮ 無理数

　無理数とは，ある整数を0以外の整数で割った数によっては表すことができない数です．有理数とは異なり，無理数は二つの整数の比として表すことができず，また小数の形では，有限桁で終わる有限小数や有限桁の数字列が繰り返される循環小数の形には表すことができません．そのために，無理数を小数に展開すると周期的な繰り返しがなく無限に続く数字列になります．

　自然数全体や有理数全体と同様に，無理数全体の広がりは無限です．有理数全体と整数全体は同じ大きさ，つまり同じ濃度（㉕参照）をもつ無限集合ですが，それよりも無理数全体は遥かにたくさんあります．実は，無理数の性質により，それらが無限個あるばかりでなく非可算個あることが分かっています（㉙参照）．

　無理数は数学上で最も重要な数の仲間で，円周率 π，自然対数の底 e，図に示す黄金比 ϕ，2の平方根 $\sqrt{2}$ などがあります．

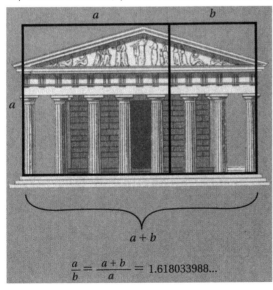

$$\frac{a}{b} = \frac{a+b}{a} = 1.618033988\ldots$$

黄金比とは，より小さな数とより大きな数の比が，より大きな数と二つの数の和の比に等しいときの二つの数の比です．無理数ですが，自然界や数学界の多くの場面で自ずから出てくる比です．また，芸術や建築における美のバランスをつかさどるために用いられています★

⑯ 代数的数と超越数

　代数的数とは，有理数の係数をもっていて1変数 x のベキ乗からなる多項式による方程式（⑧⑨参照）の解となる数であり，超越数とはそのような方程式の解にはならない数です．係数とはそれぞれの変数に掛かっている数です．例えば $\sqrt{2}$ は，二つの自然数の比で書くことができないので無理数ですが，有理係数（1と -2）をもつ方程式 $x^2 - 2 = 0$ の解だから代数的数でもあります．すべての有理数は代数的数です．任意の比 $\dfrac{p}{q}$ は $qx - p = 0$ の解として得られるからです．

　超越数はあまりないと思われるかも知れませんが，実際はその逆で，ほとんどすべての無理数は超越数です．代数的数の $\sqrt{2}$ などの無理数は例外とも言えます．そのことを証明するのは難しいですが，0と1の間の数をランダムに選んだとしたらそれはほとんど確実に超越数となるでしょう．そう考えると，なぜ数学者は大部分の数を無視し，代数方程式を解くためだけに多大な時間を費やしてきたのか，という疑問が生じることでしょう．

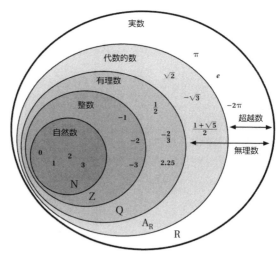

入れ子構造になったこの図は，実数を，重要な例を添えながら大きく分類したものです

⑰ π (円周率)

ギリシャ文字πで表される円周率は超越数であり，また数学における基本定数の一つです．

πはさまざまに異なった思いがけない場所に現れます．それだけに大変重要なので，数学者や計算機科学者の中にはπを可能な限り精度良く計算して図のような数列を出すことに多大の時間と努力を捧げている人びとがいます[★1]．2010年にコンピュータで計算済みとして報告された小数位の最大数は5兆桁を超えていました[★2]．

どんなに実用的な目的があるにしても，このような高精度は不必要です．とはいえ，πは最良近似分数の $\frac{22}{7}$ および $\frac{355}{113}$ により，また10進小数では 3.14159 26535 89793 23846 26433 83279 あたりで近似されています[★3]．

こうした円周率は，エジプトやメソポタミアではおそらく早くも紀元前1900年に，土地測量学としての幾何学を使って発見されました．その後，円の周長の直径に対する比として知られるようになりました．アルキメデスは，幾何学を用いて円周率の値の上限と下限を発見しています（㊸参照）．それ以来，円周率は，確率論と相対論のような関係のない分野にも現れることが分かっています（㊾参照）．

3.14159265358979323846264338327950288419716
93993751058209749445923078164062862089986280
34825342117067982148086513282306647093844
60955058223172535940812848111745028410270193
85211055596446229489549303819644288109756
65933446128475648233786783165271201909145648
56692346034861045432664821339360726024914
12737245870066063155881748815209209628292540
91715364367892590360011330530548820466521
38414695194151160943305727036575959195309217
86117381932611793105118548074462379962749567
35188575272489122793818301194912983367336244
06566430860213949463952247371907021798609
43702770539217176293176752384674818467669405
13200056812714526356082778577134275778960917
36371787214684409012249534301465495853710507
92279689258923542019956112129021960864034418
15981362977477130996051870721134999999983729
78049951059731732816096318595024459455...

⑱ e（自然対数の底）

　自然対数の底 e は超越数であり，また数学の基本定数の一つのネイピア数としても知られています．その値は近似的に 2.71828 18284 59045 23536 02874 7 です[*1]．e の本来の活躍領域は解析学です．工学者や物理学者は 10 のベキ指数，および底が 10 の常用対数（⑲参照）を好んで扱いますが，数学者はほとんどいつも e のベキ指数，および底が e の自然対数を使うのです．

　π と同じように，e には多くの定義があります（㊹㊾参照）．とくに指数関数 e^x の導関数（⑩①参照）がその関数自身に等しくなる唯一の実数です．また確率における自然な比率を見せ[*2]，さらに無限和の観点から数多くの表現方法があります．

　加えて e は π に密接に関係しています．π を使って表される三角関数（㊐参照）は指数関数を使っても定義できるからでもあります[*3]．

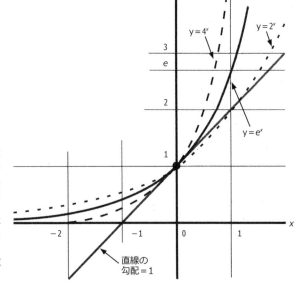

三つの指数関数の曲線．a にいろいろな値を入れて $y=a^x$ の曲線を描くと，a=e の場合は x=0 における曲線の傾きが 1 になる唯一の数となります

⑲ 対　数

　対数は，数の大きさの程度を測る有益な道具です．ある数 b の対数とは，その数がある定数，例えば 10 の a 乗になっている場合のベキ指数 a のことです．つまりこの場合は $b = 10^a$ と表されて，a は 10 を底とする b の対数であると言い，$\log(b)$ と記します．異なるベキ指数をもつ数の積はベキ指数の和によって求められるので，任意の数どうしの乗算を行うためには対数は便利です．例えば，$a^n = x$ および $a^m = y$ とおくと，指数法則 $a^n a^m = a^{n+m}$ は対数形で $\log_a(xy) = \log_a(x) + \log_a(y)$ と表されます．また，$(a^n)^w = a^{nw}$ は $\log_a(x^w) = w\log_a(x)$ と表されます．

　これらの法則は，電卓以前の時代に大きな数の計算を簡単化するために用いられましたが，そのときに使われたのは対数表や計算尺です．

　計算尺には，比例計算尺と対数計算尺があり，対数計算尺は，対数目盛りのついた互いに反対に動く二つの定規からなっていて，二つの目盛りの足し算で掛け算を表します．

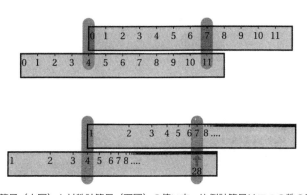

比例計算尺（上図）と対数計算尺（下図）の使い方．比例計算尺は二つの数の和を求めるのに便利です．上図の場合，$4 + 7 = 11$ です．対数計算尺は二つの数の積を求めるのに便利です．下図の場合，$4 \times 7 = 28$ です★

⑳ i（虚数単位）

　i とは，−1 の平方根を表すために用いられる「数」であり，それで説明が尽くされています．ただし数える道具という意味では本当の数ではないので，虚数単位と呼ばれています．

　i の概念が役に立つのは $x^2 + 1 = 0$ のような方程式を解くときです．この方程式は書き換えると $x^2 = -1$ となりますが，正数または負数を平方すると必ず正数になりますから，この方程式には実数の解はありません．しかし，数学の美しさと有用性を示す古典的な例として，もし解を定義してそれにアイ（*i*）と名を付ければ，実数全体を完全に矛盾なく拡張することができます．つまり正数が正と負の二つの平方根をもつように，負数も *i* と −*i* の二つの平方根をもちます．

　この虚数単位を身につければ，実数成分と虚数成分を共にもつ複素数の新しい世界が目の前に展開します（⑭1〜⑮2参照）．

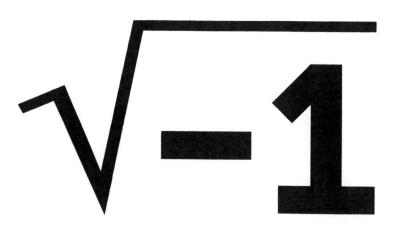

㉑ 集合入門

　集合とは単に物事の集まりです．その物事は数学的には要素（または元）と言われます．この集合は非常に役立つ概念なので，多くの点で数学を構築するための最も基礎的な要素となります．それだけに数よりも基本的であるとも言えます．

　要素の数は有限でも無限でもかまいません．各要素を特定するにはふつうは中括弧 { } で括りますが，その要素を書き並べる順序は，たとえ同じ要素が含まれる多重集合であっても，集合の構成上は重要ではありません．他の集合から構成される集合もありますが，その場合は矛盾が生じないよう記述の仕方に十分な注意を払う必要があります．

　集合が大変役に立つ理由の一つは，研究対象となる要素の構造に注意を払うことなく，図に見る，*A*, *B*, *C* のような概念的な団塊として扱うことができるというところにあります．*A*, *B*, *C* は，数でも人間でも惑星でも，またそれらの混合でも何であっても問題なく，それらが互いに関係させられながら扱われます．

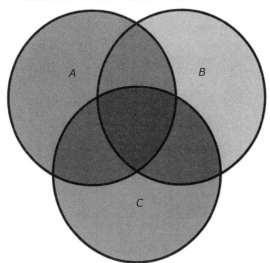

㉒ 集合の連結

　二つの集合があるとき，それらを連結して新しい集合を作ることができますが，その場合の演算は簡便な記号で表すことができます．

　まず二つの集合XとYの共通部分（積集合）は$X \cap Y$と記され，その集合の要素はどれもXとYの両方に含まれます．また，XとYの全体（和集合）は$X \cup Y$と記され，その集合の要素は少なくともXとYのどちらかに含まれます．

　何もない空集合は｛ ｝または$\emptyset$と記され，その集合には１個の要素も含まれません．

　集合Xの部分集合とは，その要素がすべてXに含まれる集合です．したがってXの要素の一部を含みますが，Xの要素の全部を含むこともあります．空集合は任意の他の集合の部分集合となります．

　集合Yの補集合はYに含まれない要素からなり，$\mathrm{not}\, Y$または$\bar{Y}$と記されます．もしYがXの部分集合であれば，Xに関するYの補集合は$X \setminus Y$と記され，その要素はXに含まれますがYには含まれません．そのため，これはよく$X\, \mathrm{not}\, Y$と言われます．

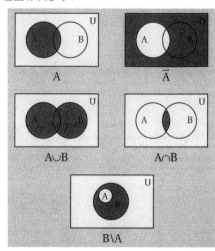

基本的な集合の演算を表すベン図
（㉓参照）．集合は本文ではX，Y
とし，図では A，B としています

㉓ ベン図

　ベン図はさまざまな命題または異なる集合の間の関係を，見て分かり
やすく簡明に表すために広く利用されています．最も簡単には㉒の図
のように円板によって集合を表し円板どうしの共通部分で集合の共通部
分を表します．

　同じような図は何世紀も前から用いられてきました．その中で 1880
年にイギリスの論理学者で哲学者のジョン・ベンがベン図を定式化しま
したが，ベン自身はその図をオイラー円群と呼んでいました．スイスの
数学者レオンハルト・オイラーが 18 世紀にすでにその図を使っていた
からです．

　三つの集合があるときのすべての可能な関係を示すための典型的なベ
ン図は㉑に示した通りです．しかし，集合が三つを超えると，共通部
分の配置の仕方は急に複雑になります．図は，六つの異なる集合を配置
する一つの仕方を示しています．

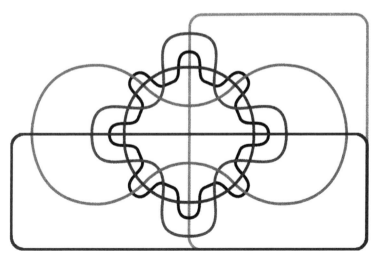

ベン図で六つの集合を表現する一方法

㉔ 床屋のパラドックス

　パラドックスとは，矛盾を抱えながらも正しいかのように見える言論を指します．1901年（あるいは1902年），イギリスの数学者バートランド・ラッセルは初等的な集合論における欠陥を示すために次のような床屋のパラドックスを考えました．

　「ある村のすべての男たちは，ヒゲを，自分で剃るか，あるいは一人だけいる村の男の床屋に剃ってもらうか，のどちらかで剃るとします．そのとき床屋自身が，村の中で自分でヒゲを剃らない男たちのヒゲだけを剃る，と言い張ったとすると，床屋のヒゲは誰が剃るのでしょうか」

　このようなパラドックスに対する解決法は，公理系により，集合よりも一段と広い概念であるクラスを作ることでした．その場合，集合と考えると矛盾が生じるものは，クラスではあるが集合とは考えないとします．この公理的集合論は最善の解決策とはいえませんが，幅広く認められています．

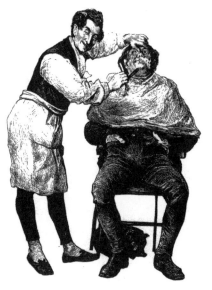

床屋のヒゲ剃り．自分のヒゲを剃らない男たちだけのヒゲを剃る，と自慢する床屋は，自分のヒゲは剃れません．かといって，それなら，自分のヒゲを剃ることになります．どちらにしてもこの自慢には矛盾があります

㉕ 濃度と可算性

　有限集合 A の濃度は図のように $|A|$ と記しますが，これは集合の中の異なる要素の数のことです．二つの集合が有限か無限かのどちらであっても，互いの要素どうしに一対一の対応があれば，二つの集合は同じ濃度をもつと言います．一対一の対応とは，一方の集合の各要素が他の集合の各要素と正確に関係付けられ，それぞれの集合の要素を一対に合わせられることを意味します．

　可算集合とは，その要素が自然数によって番号付けができる集合です．これは，その集合の要素はリスト（一覧表）に記載できることを意味します．ただし，そのリストには無限個の要素が記載されることもありえます．数学的には，可算集合は自然数の部分集合と一対一の対応があることを意味します．

　このことから驚くべき結果が生じます．例えば，集合 A の部分集合のうちで A 自身と一致しないものを A の真部分集合と言いますが，ある可算集合の真部分集合 A は元の集合と同じ濃度をもつことができます．そのため，すべての偶数の集合は平方数の集合と同じ濃度をもち，それらの濃度は自然数全体の集合の濃度と同じです．これらはすべて可算無限集合です．

㉖ ヒルベルトのホテル

　ヒルベルトのホテルは，可算無限の不思議さを視覚化するために，数学者ダヴィット・ヒルベルトが考案した仮想ホテルです．このホテルには客室番号が 1，2，3，…，と付けられた可算無限集合を作る無数の客室があります．

　ある日，ホテルはもう満室でしたが，新しく来た人がどうしても泊まりたいと嘆願しました．

　すると接客係は，少し考えたあと，館内放送で，どの客にも客室番号が一つ上の隣の部屋に移るように依頼しました．そこで図のように，1号室の客は2号室に，2号室の客は3号室に，以下同様に可算無限の N 号室の客も $N+1$ 号室に移動しました．こうして全員が移動したあとに1号室が空いたのでそこへ嘆願した人が入りました．

　ヒルベルトのホテルは，可算無限集合に要素を1個加えたものもまた可算無限集合だから，可算無限集合にもさまざまなものがあるということを示しています．

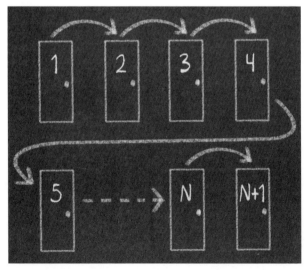

㉗ 有理数の数え上げ

　可算無限集合の中には非常に大きな集合があります．その一つが有理数，つまり2個の整数の比 $\frac{a}{b}$ から作られる数の集合です．このことは，0と1の区間にある有理数だけを調べることによって証明できます．

　仮に0と1の区間にある有理数が可算であるとすれば，それらをある順序に並べることができるはずであり，その順序では個数が無限大であっても完全なリスト（一覧表）が作られます．といっても有理数を数の大小によって一列に昇順で並べることはできません．なぜなら，二つの有理数の間には必ず別の有理数が存在する★ため，2個の有理数を隣合わせに並べることができないのです．では，有理数を並べる別の方法はあるのでしょうか．

　一つの方法は図に示すように，数をまず分母 b の順に上下に並べ，次に分子 a の順に左右に並べることです．繰り返し現れる数がありますが，0と1の間の有理数はすべてこのリストに少なくとも一度現れます．

$$1/2$$
$$1/3, \ 2/3$$
$$1/4, \ 2/4, \ 3/4$$
$$1/5, \ 2/5, \ 3/5, \ 4/5$$
$$1/6, \ 2/6, \ 3/6, \ 4/6, \ 5/6$$
$$- - - - - - - - - - - - - - - - - -$$
$$1/n, \ 2/n, \ 3/n, \ 4/n, ..., \ (n-2)/n, \ (n-1)/n$$

⅕ 稠密集合

　稠密性とは，集合の要素間に距離の考え方があるとき，集合とその部分集合の間の関係を調べることができる性質です．その性質によって，異なる無限集合の相対的な「サイズ」を知ることができます．この方法は要素を数え上げる仕方とは異なります．例えば，有理数は「とても大きい」集合であるという見方を数学的に言えば，有理数の集合はそれを包む実数の集合の中で稠密であるということです．もちろん，実数の集合それ自身は「とても大きい」です．

　集合 X が別の集合 Y の中で稠密であるというのは，X が Y の部分集合であり，かつ X の任意の点が Y の点であるか，または Y のどんな点の近くにも X の点があるという意味です．つまり Y のどんな点に対しても適当な正数 d が存在し，その点から距離 d の中に X の点があるということです．

　例えば実数の中で有理数が稠密であることを証明するためには，図のように，ある距離 d およびある実数 y を選んで，点 y からの距離が d よりも小さい場所に有理数 x が必ずあることを示せばいいですが，これは y の 10 進小数展開を切り捨てまたは切り上げることによって知ることができます．

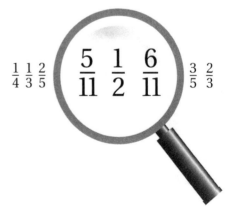

$\frac{1}{4}$ $\frac{1}{3}$ $\frac{2}{5}$ $\frac{5}{11}$ $\frac{1}{2}$ $\frac{6}{11}$ $\frac{3}{5}$ $\frac{2}{3}$

有理数の稠密性．例えば 2/5 と
3/5 の間には 1/2 があります.
1/2 から距離 1/20 より小さい
ところに 5/11 と 6/11 があり
ます

㉙ 非可算集合

　非可算集合とは，要素を，番号付けされた順序には並べることのできない無限集合です．このような集合があるということは無限集合には少なくとも可算と非可算の二つのタイプがあることを意味します．その非可算集合には無限に多くの異なるタイプがあります．

　では，ある集合が可算か非可算かの証明はどのようにするのでしょうか．1891 年にドイツの数学者ゲオルグ・カントールは背理法を用いて，0 と 1 の区間にある実数の集合は非可算であることを証明しました．

　つまり，もし可算であるとすると，この区間の実数 a は，a_k を 0 から 9 までの任意の自然数として

$$a = 0.a_1a_2a_3 \cdots a_k \cdots$$

のように表される 10 進数のリストを作ることができます．ところがカントールはそのリストに加わらない実数をいつでも作ることができることを次のように示して，実数が非可算であることを証明したのです．つまり新しい実数 b を

$$b = 0.b_1b_2b_3 \cdots b_k \cdots$$

と置き，その要素を図のように決めます．

　この図の手続きを限りなく施した結果，新しい実数 b の 10 進小数展開の各桁は 6 か 7 だけとなりながら無限に続きますが，いつも小数点以下 n 桁目の要素は元の実数の n 番目の要素とは違ってきます．よって背理法により実数の集合は非可算であることが証明されました．これはカントールの対角線論法として知られています．

$$a_1 = 0.a_{11}a_{12}a_{13}a_{14} \cdots$$
$$a_2 = 0.a_{21}a_{22}a_{23}a_{24} \cdots$$
$$a_3 = 0.a_{31}a_{32}a_{33}a_{34} \cdots$$
$$\cdots\cdots\cdots$$

新しい実数の最初の要素 b_1 は，図の a_1 の最初の要素 a_{11} が 6 ならば 7 とし 6 でなければ 6 とします．2 番目の要素 b_2 は a_2 の 2 番目の要素 a_{22} が 6 ならば 7 とし 6 でなければ 6 とします．b_3 以下も同様です★

30 カントール集合

　カントール集合は，フラクタル現象にまつわって最も早く現れた数学理論です．カントールは対角線論法（29 参照）により，実数直線上の区間は非可算集合であることを示しました．では，全ての非可算集合はこのような直線区間を含むのでしょうか．カントールはカントール集合によって，どんな直線区間も含まない非可算集合が構成されることを示したのです．このカントール集合は限りなく入り組んでいて非常に細かなスケールの構造をもちます．

　その一つの例がカントールの三進集合です．これは，長さ L の 1 区間から出発して，各段階において残されたすべての区間から真ん中の 1/3 を取り除くことによって得られます．第 n 段階の集合においては，それぞれの長さは $\dfrac{1}{(3^n)}L$ の区間が 2^n 個あるので，総長は $\left(\dfrac{2}{3}\right)^n L$ となります．n を無限大にすると，集合に含まれる区間の数も無限になりますが，集合の総長は限りなくゼロに近づきます．この限り無く細分化した極限に残される点が実際に存在し，またその集合が非可算であることを証明するためには，もう少し考察が必要です．

カントールの三進集合の作り方．単位閉区間すなわち実数の両端点を含む 0 と 1 の区間から出発します（$n=0$）．その区間の真ん中の 1/3 を取り除くと，長さ $\dfrac{1}{3}$ で両端点を含む二つの閉区間が残されます（$n=1$）．次に，それぞれの区間の真ん中の 1/3 を取り除くと，長さは $\dfrac{1}{9}\left(=\dfrac{1}{3^2}\right)$ で両端点を含む四か所（$=2^2$）の閉区間が残されます（$n=2$）．この操作を限りなく続けます

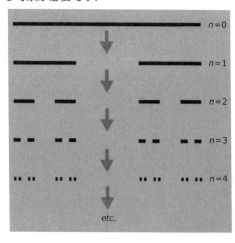

31 ヒルベルトの問題

　ヒルベルトの問題とは，1900 年にパリで開催された国際数学者会議でダヴィッド・ヒルベルトによって挙げられた 23 の数学問題のリストです．ヒルベルトは，これらの問題は 20 世紀において数学の発展の鍵となると考えました．

　1800 年代になると，数学者により多くの新しい分野に公理系が応用されるようになりましたが，それは，最初，アレクサンドリアのユークリッド（51参照）によって取り上げられたものです．数学者は，各研究分野，例えば幾何学では点，直線，曲線やそれらの性質を研究する分野，において公理を見つけそれによって理論を発展させる工夫をしてきました．

　ヒルベルトの 23 の問題にはこうした公理系の拡張に関係したものがいくつかあり，その問題を解くために数学は大きく発展しました．その後まもなく，クルト・ゲーデル（32参照）の業績により公理論の見方が変更されたとはいえ，公理論は，数学的難問のリストを設定するための一つの様式を確立させ，それが今日まで続いています．

歴史は科学の発展の連続性を教えてくれます．つまりどんな時代にもその時代特有の問題があり，次の時代にはそれが解かれるか，もしくは無益だとして捨てられて新しいものに置き換えられます
ダヴィッド・ヒルベルト

32 ゲーデルの不完全性定理

　ゲーデルの不完全性定理は，公理論的数学に対する数学者の考え方を著しく変えた，下に示す二つの定理からなっています．この定理は命題を論理規則によってどのように変形し修正できるかを示すためオーストリアの数学者クルト・ゲーデルにより 1920 年代後半から 30 年代前半にかけて発展させられました．

　数学の各種の分野を記述するための公理的方法は非常に成功を収めましたが，理論の中には公理を限りなく要求するものがあることが分かりました．そのために，数学者により，ある与えられた公理系の完全性と無矛盾性を証明する形式的な方法を見出すことが強く望まれるようになりました．

　公理系は，もしその公理系の適当な言語で与えられたどのような命題であろうと必ず証明または反証できるならば，完全であるとされます．一方，もし証明もできるが反証もできる，という命題を決して作ることができないならば，公理系は無矛盾であるとされます．

　ゲーデルの第一定理は図の上段のようになっています．これは，ある理論の公理系はその理論を完全に記述することが期待されますが，それは決してできず，いくらでも公理の数を追加させることが可能です．しかし，公理系は決して完全にはなりません，ということを意味しています．

　下の下段の複雑な第二定理では，公理系の無矛盾性について述べています．言い換えれば，公理系が隠された矛盾を含まないということは決して確かめられません．

ゲーデルの第一定理
　「どんな〔適切で無矛盾な〕公理論においても，その理論の中で意味をなすが，真か偽かを証明することができない命題が存在する」
ゲーデルの第二定理
　「ある〔適切な〕公理系に矛盾があればそれを証明できるが，それらが無矛盾であることは証明できない」

---

33 選択公理

選択公理は，公理のリストによく加えられる基本則です．選択公理はカントールの対角線論法（29参照），およびその他の数多くの数学的証明にそれとなく使われています．つまり，抽象的な無限に多くの物事の列の仮定や，無限に多くの選択肢を含むような問題の証明などに使われます★.

具体的には，これらの証明では次のような選択ができると主張します．つまり，空でない集合が「無限に多く」与えられたとき，それぞれの集合から一つずつ要素を選び出して，要素の無限列を作ることができる，と主張します．それほど簡単に選び出せるのかという疑問がおこりますが，それが可能であってもおかしくはありません．そこで，このようなことが可能であるということを公理とするのが選択公理です．

選択公理の代わりに，他の公理系を選んでそれから選択公理を定理として導くことも可能です．どちらを使うにせよ，基本的な公理系に選択公理を加えることは上述の証明を認めるために必要です．

コルヌコピア．豊穣の角とも呼ばれます．古代ギリシャ・ローマ世界において，食べ物と豊かさの象徴として用いられた，無限に果物を取り出すことのできる角です

③④ 確率論

確率論は，ある結果の可能性を求める計算，あるいは結果を予想する計算，を扱う数学の一分野です．集合論の全く新しい応用にもなっています．

確率を求めるには，ある範囲の起こり得る結果を集合の要素として扱う方が便利です．例えば偏りのないコインを3回投げる実験を考えます．起こりうるすべての結果を集めた集合は3文字からなる要素で表すことができます．つまり1回投げて表が出ればH，裏が出ればTと表すことにすれば，この集合は図の1段目★の8個の要素からなります．すべての確率の和は1になりますから，コインに偏りがなければ，どの要素も等しく起こるので，それぞれの確率は1/8となります．

より複雑な確率の問題は，すべての結果を集めた集合の部分集合を考えれば答えることができます．例えば，表がちょうど2回出る結果の集合は三つの要素からなるので，その確率は3/8であることは直ちに分かります（図の2段目）．

では，裏が少なくとも1回出るという条件のもとで，表がちょうど1回出る確率はどれだけでしょうか．裏が少なくとも1回出る結果の集合は図の3段目のように表されます．この集合の要素数は7で，表がちょうど1回出る要素は三つあるので，確率は3/7です．

同様にして，より一般的な議論を通して，確率論のための公理系が発展しました．その公理系は，集合の確率と集合上で定義される演算によって記述されます．

{TTT, TTH, THT, THH, HTT, HTH, HHT, HHH}
{THH, HTH, HHT}
{TTT, TTH, THT, THH, HTT, HTH, HHT}

㉟ ベキ集合

　集合 S のベキ集合とは，S 自身と空集合 $\emptyset$ を含めた S のすべての部分集合からなる集合です．例えば $S=\{0, 1\}$ のとき，そのベキ集合 $P(S)$ は $\{\emptyset, \{0\}, \{1\}, \{0,1\}\}$ です．

　ドイツの数学者ゲオルグ・カントールは，ベキ集合を用いて，前出の床屋のパラドックス（㉔参照）に似た論法により，有限濃度 0，1，2，…の場合と同様に無限濃度にも限りなく多くの種類があることを示しました．

　カントールの対角線論法（㉙参照）によると，少なくとも 2 種類の無限集合（可算集合と非可算集合）があることが示されます．そのうち非加算集合は実数の集合のように連続体の濃度をもちます．さらにカントールは，もし S が無限集合ならば，そのベキ集合 $P(S)$ の濃度は常に S の濃度よりも大きいことを証明しました．その論法では，仮に S の要素から $P(S)$ の要素への一対一の対応があったとすると矛盾が起きることが示されます．言い換えれば，$P(S)$ の濃度は S の濃度よりも常に大きくなります★.

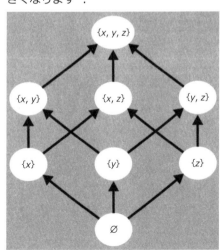

ベキ集合のグラフ．このグラフは集合 $S=\{x, y, z\}$ のベキ集合 $P(S)$ の中の部分集合の包含関係を示します．矢印は，グラフの隣り合う二つの部分集合のうち下方のものが上方のものに含まれることを示します

㊱ 数列入門

　数列とは，数学的には順序付けされた数のリストで，例えば a_0, a_1, a_2, …のように表されます．集合（㉑参照）のように，数列は数限りなく無限に続くか，もしくは有限で終わります．集合と異なり，要素，つまり数列の各項 a_n（$n=0, 1, 2, …$）には明確な順序があり，同じ数をもつ項が数列の違う所にあっても問題ありません．

　もっとも馴染みがある数列は 0，1，2，3，…のような自然数からなる数列です．この数列では，隣どうしの項の差は 1 に等しく，項の数値は増加し続けます．その変種にフィボナッチ数列がありますが，この数列の隣どうしの項の差はしだいに大きくなり，項の数値も増加します（㊵参照）．この二つの数列は発散数列と言われ★，そうでないものは収束数列と言われます．

　収束数列の中には，上図のように各項の数値が上下に振動しながら次第にある特定の数に近づくものや，下図のように徐々に減少しながら限りなくゼロに近づくものがあります．例えば，放射性崩壊では，放射性同位元素の残量が「半減期」という一定期間の後に半減します．この数列は，指数関数型の急激に減衰する数列で示されます．

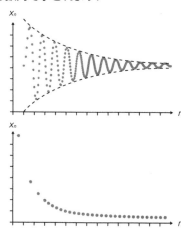

上図は振動をともなう収束数列，下図は次第に減少する収束数列

㊲ 級数入門

　級数とは，数列の有限個または無限個ある項からなる和のことです．

　数列 $a_0, a_1, a_2, \cdots, a_n, \cdots$ が与えられると全体の級数は無限和

$$S = a_0 + a_1 + a_2 + \cdots + a_n + \cdots$$

で表されます．この和は無限に発散するか，もしくは振動するつまり特定の値には収束しない，ことが多いです．その一方，和が一定値，いわゆる極限値に収束するものもあります．

　級数が意味のある極限値をもつかどうかを見るためには，図のように，まず最初の $n+1$ 項の和 $a_0 + a_1 + \cdots + a_n$ を部分和 S_n として定義し，次に $S_0, S_1, S_2, \cdots$ からなる数列を調べます．それが n の増大とともに一定値 L に近づくとき，この級数は極限値 L に収束します．

　和の記号にはギリシャ文字 Σ（シグマ）を使い，範囲の下限 a と上限 b は Σ の下と上に $\sum\limits_{a}^{b}$ のように添えて表します．したがって，上の部分和 S_n は

$$\sum_{i=0}^{n} a_i = a_0 + a_1 + a_2 + \cdots + a_n$$

と表されます．ここで $a_0 = 0$, $a_1 = 1$, $a_2 = \dfrac{1}{2}$, $a_3 = \dfrac{1}{4}$, $\cdots$, $a_n = \dfrac{1}{2^{n-1}}$ です．

　極限値 $L = 2$ と部分和 S_n との誤差は部分和の最終項 a_n です（㊼参照）．

$S_1 = 1$

$S_2 = 1 + 1/2$ $2 - 1/2$

$S_3 = 1 + 1/2 + 1/4$ $2 - 1/4$

$S_4 = 1 + 1/2 + 1/4 + 1/8$ $2 - 1/8$

$S_n = 1 + 1/2 + \cdots + 1/2^{n-1}$ $2 - 1/2^{n-1}$

38 極限値

　無限数列あるいは無限級数の極限値とは，その数列または部分和の項数が限りなく増加するにつれてある一定値に近づくときの値です．極限を求めるという操作は，数列の各項または部分和からなる数列の各項の値を求め，その項が先に進むにつれてある一定値に近づくかどうかを調べる操作のことです．

　極限を求めることは，図のように，限りのない，つまり無限の操作をするための最も基本的な作業です．極限を求める作業は，数多くの定数の中でもまずπの近似値を求めるために使われました．その結果，例えば，ギリシャ人による公式，さらにアイザック・ニュートン（1642-1727）による公式が見つけられました[*1]．その操作が十分に定式化されたのは 19 世紀末期になってからです．

　こうした数学の多くの分野を支える重要な極限を求める操作は解析学の分野でよく用いられています（[101]参照）．例えば関数の性質，変数間の関係，あるいは微分積分学の展開の研究などにおいてです[*2]．

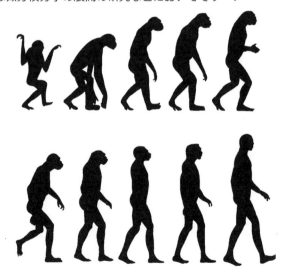

㊴ ゼノンのパラドックス

　ゼノンのパラドックスとは，紀元前5世紀のギリシャの数学者エレアのゼノンによって提出された次のような問題です．

　「カメとウサギが2マイル走路で競争しています．ウサギは一定の速さで休みなく走ります．カメは哲学的な生き物で，ウサギはゴールには決してたどり着くことはない，と高をくくって腰を下ろしています」

　カメが考えたのは，ウサギは最初に1マイル走り，続いて残り1マイルの半分を走り，次に残りの半マイルの半分走り，そのあとも同じように走らなくてはならない，ということです．確かに，ウサギがこの限りのない数列の距離を走りきることは不可能ではないでしょうか．

　このゼノンのパラドックスは数学的ならびに哲学的な問題を提起しています．ところが，数学的な観点から言えば，無限数列の級数はしばしば一定値に収束するので，もしこの場合の進んだ距離とその距離を進むために必要な時間が収束するものとすれば，ウサギは問題なく，その点つまりゴールに到着します．

⑩ フィボナッチ数列

　フィボナッチ数列とは，0から始めて前2項の数を加えながら後に続く数を求めて作られる単純な数列で，1201年にイタリアの数学者フィボナッチが西洋に紹介したことに因んでこんな名が付けられました[1]. この数列は数学のいくつもの分野に現れるほか，人工界や自然界でも見られます.

　フィボナッチ数列は漸化式

$$F_{n+1} = F_n + F_{n-1} \quad （初期値は F_0 = 0 および F_1 = 1）$$

で定義され，ここから数列 0, 1, 1, 2, 3, 5, 8, 13, 21, 34, 55, 89, …が得られます. このフィボナッチ数列は，生物学では，葉序つまり植物の茎のねじれと茎に沿って生じる葉の数の関係，図のようなヒマワリの種の連なりらせん，その他自然界に見られるいろいろなパターンに現れます[2]. ユークリッドの互除法（⑭参照）を含むいろいろな数学上の問題にも見られ，また黄金比（⑮参照）とも関係しています.

㊶ 収束数列

　数列の中には，項が特定の値つまり極限値に次第に近づいて収束するものがあります．では，数列がある極限値に収束するようだと観察できるとき，その極限値を知るにはどうすればいいでしょうか．例えば，πを求めるにはそれに近づく数列に頼ることが多いです．その場合，その数列がある数に次第に近づくのであれば，その数から真の π が上の桁から徐々に確定すると判断できます．

　既知の数 L に対して適当に小さい正数 ε を選ぶならば，数列に適当な項が存在して，それ以降のすべての項と L とがなす差が誤差ともいえる ε 以下ならば，数列は L に収束すると言います．けれども，カール・ワイエルシュトラスと他の数学者により，数列が収束するかどうかを決めるためには必ずしも L の値を知る必要はないことが分かりました．

　例えばコーシー列とは，「ある与えられた小さい正数 ε に対して，数列の先の方に適当な項が存在し，それ以降にある任意の二つの項の値の差が ε 以下であるような数列」です．実数の場合，この数列は極限をもちます．

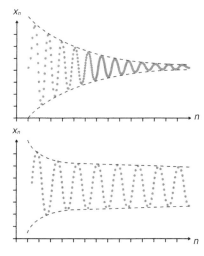

上図は振動しながら収束する数列，
下図は振動し続ける数列

㊷ 収束級数

　数列の和つまり級数が収束するというのは，その和がある一定値つまり極限値に近づくことを意味します．そうすると，部分和つまり数列のある範囲の項を合計した級数を考え，もし相続く二つの部分和の差がどんどん小さくなるならば，一見してこの級数は収束すると思うのではないでしょうか．例えば，部分和が

$$S_n = 1 + \frac{1}{2} + \frac{1}{3} + \cdots + \frac{1}{n}$$

のような数列 S_1，S_2，S_3，…，S_n，…を考えると，S_n と S_{n+1} の差は $\frac{1}{n+1}$ ですから，n が増大するにつれて $\frac{1}{n+1}$ は減少します．この級数は調和級数（㊽参照）と言いますが，2項の差が減少するからといってこの級数が果たして極限をもつと言えるでしょうか．

　この場合は S_n は収束はしないという結果になります．つまり調和級数は図のように発散します．そうすると，この結果から，収束するコーシー列のように相続く2項の差が減少するという条件が満たされても，それだけで級数が収束するという保証はえられないことが分かります★．

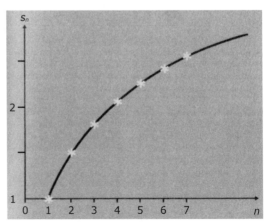

調和級数のグラフ．部分和の差は次第に減少しますが，この図は収束しない例です

42

㊸ πの近似

　無理数πを求める方法として，近似数列による方法がたくさんあります．紀元前3世紀までさかのぼると，ギリシャの数学者シラクサのアルキメデスが，πの近似数列を用いて小数点以下2位まで求めました[1]．

　半径1の円つまり単位円を考えるとき，その円周はちょうど2πです．単位円に内接する正方形から出発して，内接正n角形の系列（n=8, 16, 32, …）を図のように描いて見ましょう．正n角形は頂角θ= $\frac{360°}{n}$ をもつ二等辺三角形の集まりです．それぞれの三角形の頂角を2等分すると二つの小直角三角形ができますが，その小直角三角形の斜辺の長さは半径1で，その頂角は $\frac{\theta}{2}$ です．小直角三角形の他の辺の長さは三角関数（㊻参照）を使うと分かるので，内接正n角形の周長が計算できます．

　当然ですが，アルキメデスは三角関数表などを利用することができなかったので，nの値を慎重に選ぶ必要がありました[2]．現代的な方法では級数展開による近似を用います．その方法を利用して，アイザック・ニュートンは多くの時間と労力をかけてπの値を小数第15位まで求めました[3]．

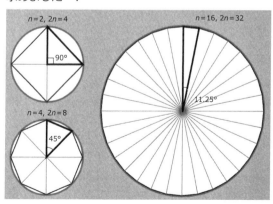

πを求めるためのアルキメデスの方法．nの値を増やすとπがより正確に求められます

㊹ *e* の近似

　オイラー定数とかネイピア数といわれる自然対数の底 *e* は数列の研究から生まれた無理数です．したがって，数列を利用して値を求めることができます．

　e がはじめて知られるようになったのは 17 世紀末にヤコブ・ベルヌーイが複利計算の問題を取り扱ったときでした．複利では，元本およびある経過時間までの未払い利息の合計を用いて，次に支払われる利息が決定されます．もし利率が年 100% で半年ごとの支払いならば，1 ポンドの元本にたいして，半年後に利息は 50 ペンス（0.5 ポンド）となるので元本は 1.5 ポンドに更新されます．次の半年後には，さらに 75 ペンス（0.75 ポンド）の利息がつくので元本は合計 2.25 ポンドになります．一般的には，1 年を *n* 等分する場合，元本は

$$\left(1 + \frac{1}{n}\right)^n$$

になります．ベルヌーイは *n* が大きくなるとこの式の値はある定数に収束することに気がつきました．これが図に示す *e* で，おおよそ 2.71828 18284 6 となります（㊵参照）．

$$e = \lim_{n \to \infty} \left(1 + \frac{1}{n}\right)^n$$

㊺ 反　復

　反復とは，規則や作用あるいは命令が繰り返される数学上の計算手順のことです．この繰り返しにより数列を生成することができます．反復がよく使われるのは，数学の問題をコンピュータを用いて解析する数値解析においてです．

　なかでも力学系とカオスの問題では，単純な規則が繰り返し適用されたとき系の状態がどのように変化するかを調べます．この場合，初期値の違いが結果に及ぼす大きさを理解することが大切なのですが，必ずしも簡単にできるわけではありません．

　例えば，正の整数 x に対して，x が奇数ならばそれを 3 倍して 1 を加え，x が偶数ならばそれを 2 で割ることにします．この規則を繰り返し適用して，生成された数が 1 になれば規則の適用を停止します．この問題について，これまで試された x の初期値ではどれも有限回で停止します．1937 年に，ドイツの数学者ローター・コラッツが，「どのような初期値 x から始めても，有限回の操作で必ず 1 に到達する」と予想しましたが，まだ証明されていません★．

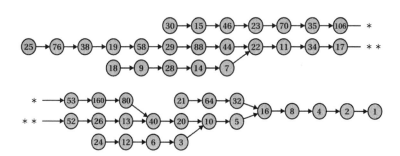

コラッツの数列．図では初期値が 30 のとき 18 回の繰り返しで 1 になります．その途中 30 以下の数字は 27 を除いてすべて現れます．その 27 を初期値とすれば，初期値が 30 の場合に見られる 46 が現れるまで 95 回の繰り返しが追加されます

㊻ 等差数列

　等差数列とは，連続する二つの項の差が定数となる数列で，この定数を公差と言います．例えば 0, 13, 26, 39, 52, … の公差は 13 です．公差が正の数列は無限に大きくなり，公差が負の数列は無限に小さくなります．近年証明されたグリーン・タオの定理（㉟参照）によれば，素数からなる数列の中には任意の長さの等差数列が存在します．

　等差数列の部分和はちょっとした技法を使えば比較的簡単に求められます．例として，1 から 100 までの数の和を考えましょう．これを求めるうまい方法は，和の式を 2 行に並べることです．図のように，1 行目を正順に，2 行目を逆順に並べると，列ごとの和はそれぞれ 101 になります．これらは 100 個あるので，答は 100 を 101 倍して 2 で割った値です．一般的には，式

$$a + 2a + 3a + \cdots + na = \frac{1}{2}an(n+1)$$

によって任意の等差数列の和が求められます．

$$1 + 2 + 3 + \ldots + 98 + 99 + 100$$
$$100 + 99 + 98 + \ldots + 3 + 2 + 1$$

$$101 + 101 + 101 + \ldots + 101 + 101 + 101$$

㊼ 等比数列

　等比数列とは，連続する項が前の項を定数倍した数となる数列です．例えば 1, 4, 16, 64, 256, …について見ると，定数倍つまり公比 r は 4 です．

　いま，等比数列の部分和を $S_n = a + ar + ar^2 + \cdots + ar^n$ とします．n を無限大にしたとき，もし r の絶対値が 1 より大きいならば，この部分和は正または負の無限大に発散します．もし r の絶対値が 1 より小さいならば極限値 $S = \dfrac{a}{1-r}$ に収束します．

　等比数列は数学のさまざまな問題に現れます．また，会計学における複利と利潤の研究の基礎になります．ゼノンのパラドックス（㊴参照）ではウサギが走った距離の和は等比級数ですから，その走行距離を合計するとレースの距離になります．そのため，これでゼノンのパラドックスは解決されたと主張する数学者もいます．

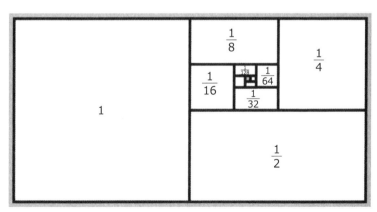

長方形の分割と等比級数の和．長方形（正方形を含む）の面積は公比が 1/2 の等比数列となります．この場合の無限級数の値が 2 に収束することは図より明らかです

48 調和級数

調和級数は，式

$$1 + \frac{1}{2} + \frac{1}{3} + \frac{1}{4} + \frac{1}{5} + \cdots + \frac{1}{n} + \cdots = \sum_{n=1}^{\infty} \frac{1}{n}$$

で表されるように，次第に減少する分数の無限列の和であり，その分数の列は図に示すように音楽の理論にとって重要です．

　この調和級数の驚くべき性質の一つは，連続する二つの項の差が 0 に近づくけれども，その和は限りなく増加することです．その発散の様子を見るために，級数を小さなグループに分けてそれらの項をまとめます．なぜなら，減少列の連続する項は和が 1/2 より大きな数になる程度にまとめることが常に可能だからです．例えば，部分和を $S_n = \frac{1}{1} + \frac{1}{2} + \cdots + \frac{1}{n}$ とするとき，$\left(\frac{1}{3} + \frac{1}{4}\right)$ は $\frac{1}{2}$ より大きく，$\left(\frac{1}{5} + \frac{1}{6} + \frac{1}{7} + \frac{1}{8}\right)$ も $\frac{1}{2}$ より大きくなりますから $S_{2^m} > 1 + \frac{m}{2}$ が成り立ちます．これから m を大きくすると部分和も大きくなるので，調和級数は発散します．

調和数列は音楽にとって重要です．両端が固定された弦を弾いたり打ったりするときに生じるいろいろな振動モードを表しているからです

㊾ 級数と近似値

主な数学定数のなかには無限級数として表現されるものがあり, それを使えば π や e あるいは $\ln 2$ ($=\log_e 2$) のような定数の近似値が図のように求められます.

ここで調和級数 $1 + \dfrac{1}{2} + \dfrac{1}{3} + \dfrac{1}{4} + \dfrac{1}{5} + \cdots$ を出発点にして考えてみましょう. 正の符号を一つおきに負に替えると, その級数は自然対数 $\ln 2$ に収束します. 次に, おのおのの分数の分母をその二乗で置き換えると, 級数は $\dfrac{\pi^2}{6}$ に収束します. さらに, 偶数ベキで置き換えた級数はすべて π^2 のベキに良く知られた定数を掛けた値に収束します. 奇数ベキで置き換えた級数もまた収束はしますが, 偶数ベキのようなきれいな形では表されません.

最後に, おのおのの分母をその階乗で置き換えると, 級数の和は e に収束します. 階乗というのはその数以下のすべての正の整数の積のことで記号 ! で表されます. 例えば, $3! = 3 \times 2 \times 1 = 6$, あるいは $5! = 5 \times 4 \times 3 \times 2 \times 1 = 120$ です.

$$1 - \frac{1}{2} + \frac{1}{3} - \frac{1}{4} + \frac{1}{5} - \frac{1}{6} + \frac{1}{7} - \ldots = \ln 2$$

$$1 + \frac{1}{2^2} + \frac{1}{3^2} + \frac{1}{4^2} + \frac{1}{5^2} + \frac{1}{6^2} + \frac{1}{7^2} + \ldots = \frac{\pi^2}{6}$$

$$1 + \frac{1}{2^4} + \frac{1}{3^4} + \frac{1}{4^4} + \frac{1}{5^4} + \ldots = \frac{\pi^4}{90}$$

$$1 + 1 + \frac{1}{2!} + \frac{1}{3!} + \frac{1}{4!} + \frac{1}{5!} + \frac{1}{6!} + \frac{1}{7!} + \ldots = e$$

$$1 + \frac{1}{2 \times 1} + \frac{1}{3 \times 2} + \frac{1}{4 \times 3} + \frac{1}{5 \times 4} + \ldots = 2$$

50 ベキ級数

ベキ級数は，図の式のように，変数 x のベキが正の整数で増大する項からなる数列の和で，等比級数

$$1 + x + x^2 + x^3 + x^4 + \cdots$$

は図の第二式で各項の係数が 1 となる特別な例です．

ベキ級数は見かけよりもはるかに一般的なので，関数の多くはベキ級数で表すことができます．もしある項より大きなベキの項がゼロならば，ベキ級数は有限の多項式となります（89参照）．

ではベキ級数は収束するでしょうか．等比級数（47参照）の理論を用いれば分かります．つまり，x が -1 と 1 の区間にあれば，上の級数の部分和は収束して $\dfrac{1}{1-x}$ になります．もちろん，すべてのベキ級数がこの理論に従うとは限りませんが，簡単な等比級数と比較すると級数の収束判定に使える場合がよくあります★．

$$f(x) = \sum_{n=0}^{\infty} a_n (x-c)^n =$$

$$a_0 + a_1(x-c)^1 + a_2(x-c)^2 + a_3(x-c)^3 + \ldots$$

$$f(x) = \sum_{n=0}^{\infty} a_n x^n =$$

$$a_0 + a_1 x + a_2 x^2 + a_3 x^3 + \ldots$$

級数の展開の中心を $x = c$ とするベキ級数（上式）と展開の中心を $x = 0$ とするベキ級数（下式）

51 幾何学入門

　幾何学は，形，大きさ，位置，空間などに関する数学の一分野です．
紀元前 300 年ごろのギリシャの数学者ユークリッドによって築かれた
古典的な方法では，この幾何学は調べようとする形の基礎を整理するこ
とから出発していて，その基本に公理（axiom）[*1]と呼ばれる仮定が置
かれました．

　後世に大きな影響を与えたユークリッドの「原論」では，次の五つの
公理が挙げられています．

1．いかなる二つの点の間にも，それを端点とする直線の部分を引く
　　ことができる．

2．直線の部分は，どちらの端点の方向にも無限に延長することがで
　　きる．

3．どんな点を中心としても，またどんな半径であっても，平面上に
　　円を描くことができる．

4．二つの直角は等しい．つまりあらゆる直角は等しい．

5．ある直線と，その上にはない 1 点が与えられた場合，その点を
　　通ってその直線に平行な直線，つまりもとの直線とは交わらない直
　　線，がちょうど 1 本ある[*2]．

注目に値するのは，ユークリッドの
公理は，直線，直角，半径といった
いくつかの用語を，簡単な説明だけ
で厳密な定義をすることなく使って
いることです．その結果，それらの
厳密な定義に基づいて，1800 年代後
半にいくつかの新しい公理が，厳密
で論理的な体系を用いて導入され，
幾何学をより発展させることになり
ました

🗊 直線と角度

　直線と角度は，幾何学における最も基本的な二つの概念です．ユーク
リッドの第5公理では，「ある直線と，その直線上にない1点が与えら
れたとき，その点を通る直線は，1本を除いて全てもとの直線と交差す
る」というのと同じ意味のことが述べられています．言い換えると「2
本の直線はふつう交差する．交差しない場合，つまり元の直線と平行な
場合，はふつうではない」ということになります．

　角度の概念は，もともと直線がどのように交わっているかを記録する
ために考え出されました．図に示すように，2本の直線が点Pで交わっ
ている様子を想像してみてください．この図では，Pを中心とする円
が，2本の直線によって四つの部分に分割されています．これらの部分
が全て等しければ，2直線は直交し，全ての角度は直角である，と言わ
れます．このことはユークリッドの第4公理に関係します．

　一般的にいうと，角度は「度」を単位として測られます．角度は，幾
何学とは無関係に思えるような領域でも，三角関数（🗊参照）に関係
して使われることで基本的な役割を果たします．

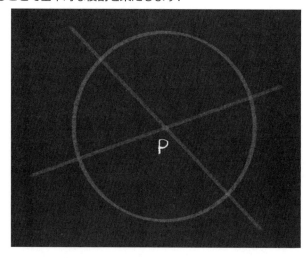

53 角度の測定

　歴史的には，1点で交わる2直線間の角度の測定は，その交点を中心とする円の上で考えられてきました．つまり，その円を等分割した単位を決め，それがいくつでできているかによって角度を表しました．古代メソポタミアの天文学者たちは，この考えに基づく分割数として 360 を採用しましたが，これは現代に「度」として知られているものと同じです．天文学者たちはさらに，1度を 60 個に等分割して「分」とし，さらにそれを 60 個に等分割して「秒」としました．ただし時間の単位との混同を避けるために，これらの分割単位はしばしば，「分角」「秒角」のように呼ばれます．このようにして，角度の測定は，その角度が度，分，秒のいくつでできているかによって行われます．

　60 や 360 という数は，角度の単位として非常に便利です．というのも，60 は 1，2，3，4，5，6 といった数で割ることができ，しかも割った結果が整数です．しかしながら，この特徴的な単位を用いることは角度の測定において本質的なものではありません．角度を定めるための基本的なアイデアは，その角を作る2本の直線によって挟まれる円周の部分の長さの比率に注目するところにあります．

(54) 円

円はユークリッドの公理によって決められた基本図形の一つで，中心Pからの距離が半径 r に等しい点の集合として定義されます．円の外周に沿った閉曲線は円周と呼ばれ，その長さ C は，半径 r を使う式 $C=2\pi r$ によって計算できます．円の内部の面積 A は，また別の等式 $A=\pi r^2$ で決まります．このように円は，数学において最も重要な二つの定数（π と e）のうちの一つである π（⑰参照）と必然的に関係します．

円からは図のようないろいろな曲線や直線や平面部分が導かれます．例えば弧は円周の断片であり，扇形は円の２本の半径と弧を境界とする平面の部分です．弦は円周上の２点を結ぶ線分であり，弓形は円周と弦を境界とする平面の部分です．割線（かっせん）は，弦を延長したもので，円周上の２点を通る直線です．接線は，円周上の１点で円と接する直線です．

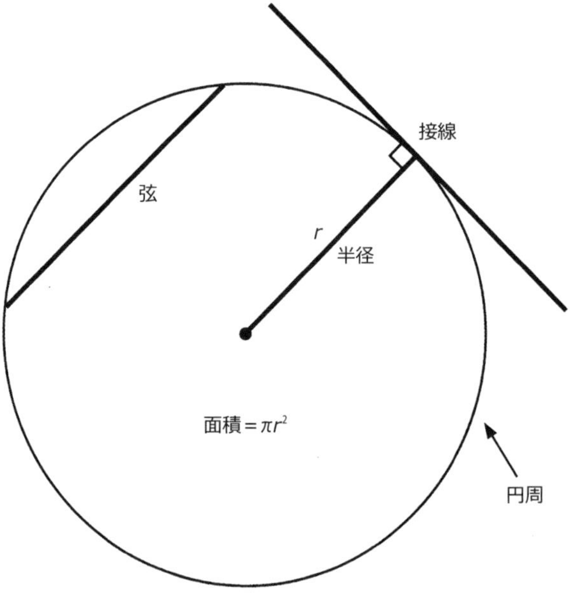

円を取り巻くいろいろな図形

⑤ 弧度法

　伝統的な角の単位である度・分・秒の代わりに，数学者たちはしばしば角をラジアンという単位で表現します．ラジアンは円の幾何学に基づいて決められていることから，多くの利点をもっています．特に三角関数（⑥参照）を扱うときには，ラジアンを用いることで，その扱いが非常に簡単になります．

　ラジアンの直観的な意味を理解するには，半径が1の円を考えるのが一番です．2本の直線が交わる角をラジアンで表すと，その2直線の交点を中心として，半径が1の円を描いた場合，その円を2直線が切り取った弧の長さと等しくなります．円の周の長さは $C=2\pi r$ ですから，もし $r=1$ であれば $C=2\pi$ です．ですので，円に対する割合 x が θ ラジアンであれば，$\theta=2\pi x$ となります．例えば，円を四つの等しい部分に分割すれば，それに相当する角度は直角ですが，このことは「2π を $1/4$ に分割すれば $\pi/2$ ラジアンである」ということと同じです．

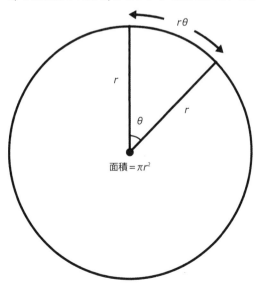

面積 $=\pi r^2$

弧の長さとラジアンで表した角度の関係．ケーキの一片のような半径 r の扇形が θ ラジアンの角度をもっているとすると，そのケーキの円周上の弧の長さは単純に $r\theta$ となります．したがって，ラジアンでの角度を測ることによって，弧の長さを測ることができます

56 三角形

　同一直線状に並ぶことさえなければ，どのような3点であっても1枚の三角形を決めることができます．その場合の三角形とは，単純に言えば，3点を結ぶ3線分によって囲まれた領域，ということになります．

　三角形の面積は，それを含む長方形を作ることで計算できます．三角形の1本の辺を長方形の1辺として選び，それに対する高さを，底辺に含まれない第3の頂点から，底辺に至る垂直な距離として決めます．すると，三角形の面積は，底辺の長さと高さを掛けたものの半分になります．

　三角形およびそれを高次元へ一般化したものは，より複雑な形状を記述するシンプルなユニットとしてよく使われます．例えば多くの物体は，いくつもの三角形をその辺で貼り合わせて作ることができます．この考えは技術者にはおなじみのもので，例えば図のようなカーブした柱とか壁といった複雑な形状でできた建築構造を，直線の辺をもつ多数の三角形に分割して作ることで大きな強度を与えることができます．

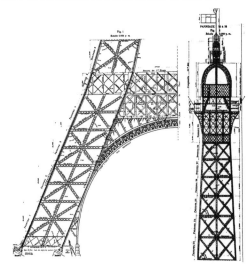

⁵⁷ 三角形の種類

　三角形には，いくつかの種類があり，それぞれの特徴に応じた名前が
つけられています．ただしどんな三角形でも，内角の和はπラジアン
（あるいは180°）に等しく，角の大きさとその対辺の長さとの間には
明確な関係があります．

　正三角形は，すべて長さが等しい3本の辺をもちます．このことは三
つの角が等しいことを意味します．内角の和はπラジアンですから，そ
れぞれの角はπ/3ラジアンつまり60°です．二等辺三角形は，長さが
等しい2本の辺をもち，それにより二つの角が等しいことになります．

　直角三角形は一つの直角つまりπ/2＝90°をもちます．不等辺三角
形は，3本の辺の長さがすべて異なる三角形で，三つの角の大きさもす
べて異なります．

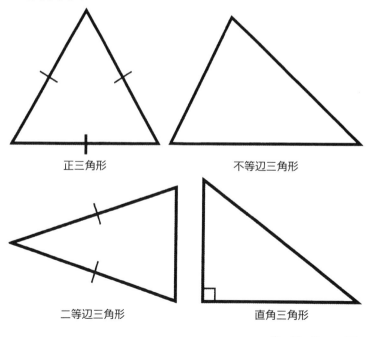

正三角形　　　　　　　　　　不等辺三角形

二等辺三角形　　　　　　　　直角三角形

58 三角形の中心

　三角形については，いくつかの中心を決めることができます．例えば，「三つの頂点からの距離が全て等しくなる点」（外接円の中心としての外心．各辺の垂直2等分線の交点），「3辺に接する円の中心」（内接円の中心としての内心．各内角の2等分線の交点），「三つの頂点から対辺に下した垂線の交点としての垂心」を決めることができます．これらはいずれも自動的に決まって，正三角形ではすべて一致しますが，不等辺三角形ではバラバラになります．

　三角形の中心にはもう一つ最も有用な「重心」があります．三角形の三つの頂点から，対辺の中点に3本の直線を引くと，それらが交わる位置が重心となります．この重心のように3直線が1点で交わることは，他の中心のように当たり前のことではありません．もし，ある三角形が，鉄板のような均等な密度をもつ素材から切り出されている場合，重心はその三角形の重さの中心となります．鉄板には厚みがあるので物理的な重心は板の内部になりますが，その板の上底面である三角形の重心の位置にひもを付けて吊るすと，三角形はバランスをとって水平にぶら下がります★.

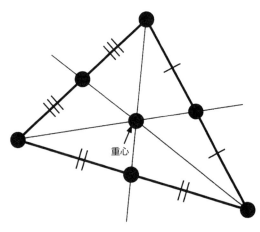

重心

三角形の重心の作図方法

59 多角形

　基礎的に言うと，多角形とはいくつかの直線によって囲まれた平面の部分のことです．といっても，しばしば正多角形に限る用語として使われることがあります．正多角形とは辺の長さがすべて等しく角の大きさもすべて等しい多角形ですが，これを単に n 角形ということが多いです．n 角形は五角形，六角形，七角形，八角形など無限にあります．

　正多角形は，2本の辺が等しい二等辺三角形による組合せで作ることができます．つまり図の七角形の場合のように，二等辺三角形の頂角を，各正多角形の中心に集めるわけです．中心に集まる角の和は 2π ラジアンでなければならないので，各頂角は，$\dfrac{2\pi}{n}$ になります．ここで n は集まる三角形の枚数であり，作りたい正多角形の辺の数でもあります．三角形の内角の和は π ラジアンであるということが分かっていますので，二等辺三角形の中の等しい二つの角つまり底角の和を $2a$ とすると，$2a = \pi - \left(\dfrac{2\pi}{n}\right)$ となります．$2a$ という角度は，この正多角形のそれぞれの内角の大きさにもなっています．例えば，正五角形においては $n = 5$ なので，一つの内角の大きさは $\dfrac{3\pi}{5} = 108°$ です．

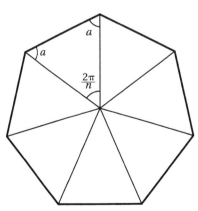

(60) 相　似

二つの物体は，それらが互いに拡大・縮小コピーするように大きさを変更しただけの同じ形になっているとき，相似である，と言われます．二つの物体が同じ形をもつことを言い表す方法はたくさんありますが，相似はそのうちの一つです．三角形の場合には，１枚の三角形の三つの角の角度が，もう一つの三角形の角度とそれぞれ同じであるとき，それらは相似です．２枚の三角形の間で相対する辺の長さの比が全て等しいとき，それらは相似である，ということもできます．

他の幾何学的な図形，例えば多角形や曲線といったものを考えるときは，相似であるかどうかについてまた別の基準があります．例えば，２枚の正多角形は，それらの辺の数が同じであれば相似です．

相似や相似変換といった用語は，一つの形を相似な形に合うように変換するときの拡大・縮小の操作にも使われます．相似変換は，ユークリッド空間内に置かれた形のすべての点のデカルト座標（(77)参照）に，同じ数を掛けることを意味します．この掛ける数は，図形の形を変化させることなく大きさだけを拡大したり縮小したりする役割があります．

シェルピンスキーの三角形．無数の異なる比率の相似な三角形から構成されるフラクタル図形（(166)参照）です

61 合 同

　二つの図形は，それらが同じ形で同じ大きさであるとき，合同と言われます．例えば2枚の三角形は，それらが相似すなわち同じ形であり，対応する辺どうしの長さが等しい，つまり同じ大きさであるとき合同です．

　注意すべきは，合同には片方を単に平面上で動かして他方にぴったり重ね合わせられる，という条件は必ずしも必要とされないことです．というのは，2枚の合同な三角形は，お互いに鏡映の関係になっていることもあります．この場合は，片方の三角形を，平面から持ち上げたあと裏返して重ね合わせる，という操作が必要になります．

　2枚の一般的な三角形は，以下に挙げる，大きさが等しいという3条件のうちどれか一つだけでも満たせば合同です．1番目は「3辺の長さ」，2番目は「2辺の長さとその間の角の大きさ」，3番目は「1辺の長さとその両端にある角の大きさ」です．この三つの条件のうちどの一つも1枚の三角形（の形と大きさ）を特定します．

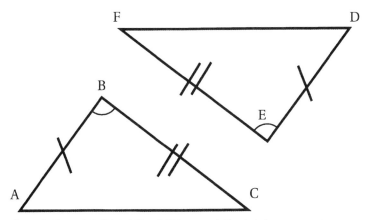

　2枚の三角形は，さまざまな方法で合同ということができます．その一つとして，2辺とその間の角が等しいものを図に示します．図の場合，平面上で動かせば重なりますが，2枚の三角形を，鏡で映さなければ重ならないように描くこともできます

⁶² ピタゴラスの定理

　ピタゴラスの定理は，紀元前6世紀後半のギリシャの数学者ピタゴラスにちなんで名づけられたものですが，それよりも何世紀も前のバビロニアにおいて，この直角三角形の辺長の間にある有名な関係は，ほぼ確実に知られていました★¹.

　この定理は，直角三角形の最も長い辺つまり斜辺の平方は，残りの直角を挟む2本の辺の平方の和に等しい，というものです．分かりやすい証明としては，図に示すように，相似な三角形の辺の長さの比に基づくものがあります．また，直角三角形のそれぞれの辺の外側にその辺を一辺とする正方形を描き，それらの正方形をうまく分割してつなぎ直すことでも証明することができます★².

　ピタゴラスの定理は，幾何学における重要な道具になっていて，座標幾何学（⁷⁷参照）における距離の定義は，この定理に基づいています．詳しいことは正弦や余弦といった三角関数を扱うときに，また述べます（⁶⁵参照）.

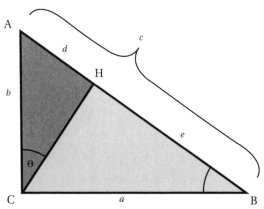

三角形 ABC と CBH は相似で，三角形 ABC と ACH も相似です．これにより，$\frac{a}{c} = \frac{e}{a}$ であり，$\frac{b}{c} = \frac{d}{b}$ です．したがって，$a^2 = ec$ かつ $b^2 = dc$ となり，そこから $a^2 + b^2 = (e + d)c = c^2$ となります

63 正弦，余弦，正接

　直角三角形により，私たちは角度についての関数（93参照）を，その辺の長さの比と結びつけて考えることができるようになります．これらは，三角関数と呼ばれ，それにより定義された基本的な関数には，正弦関数（サイン），余弦関数（コサイン），正接関数（タンジェント）があります．

　これらの関数を定義するには，まず，三つの角のうち90度でないもの，つまり斜辺ともう1本の辺つまり隣辺の間にある角を一つ選び，それをθとして，斜辺の長さをH，隣辺の長さをAとします．残った辺はθの角に向かい合っているもので対辺と呼ばれますが，その長さをOとします．このとき，正弦・余弦・正接の各関数は，これらの比を用いて次のように表されます．

$$\sin\theta = \frac{O}{H}, \quad \cos\theta = \frac{A}{H}, \quad \tan\theta = \frac{O}{A}$$

　θが同じである二つの直角三角形は，互いに片方を相似形に拡大・縮小したものになっていて，これらの関数は三角形のサイズにかかわらず同じ答を導きます．また，$\frac{O}{A} = \frac{O}{H} \Big/ \frac{A}{H}$ であることから，$\tan\theta = \frac{\sin\theta}{\cos\theta}$ となります．

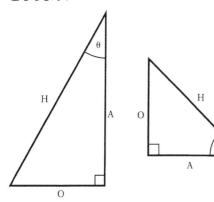

直角三角形の斜辺は，常に最も長い辺です．どの辺を対辺・隣辺と呼ぶかは，そのとき考慮している角θとの位置関係によって決められます

⟨64⟩ 三角測量

　三角測量とは，三角関数である正弦・余弦・正接の値を知ることによって，直角三角形の1本の辺長と一つの角度だけから与えられた三角形の完全なかたちを決める方法です.

　例えば図のように塔の頂上の高さを測量機器で測ろうとしている王子のことを考えましょう. 王子から塔の真下までの水平距離 ℓ は分かっているとして，王子はどのようにすればいいでしょうか.

　塔は垂直ですから塔の頂上から真下への直線と，塔の真下から王子がいる位置への直線は直角になっています. 王子は，直角三角形の一つの角度 θ とその隣辺の長さ ℓ を知ることができますから，θ の対辺である知りたい高さ d はこれらの値を正接関数の式に入れて，次のように求めることができます.

$$\tan\theta = \frac{d}{\ell}, \quad \text{したがって} \quad d = \ell \times \tan\theta$$

⑥⑤ 三角恒等式

　三角恒等式とは，正弦・余弦・正接のどれかの関数を含む数式であり，その関数内に含まれる角度をどのように変更しても成り立つ式のことを言います．どのような直角三角形についても，そのうちの直角でない一つの角を θ としてその対辺の長さを O，隣辺の長さを A，斜辺の長さを H とすると，ピタゴラスの定理により $O^2 + A^2 = H^2$ となります．この等式の両辺を H^2 で割ると，以下の式が得られます．

$$\frac{O^2}{H^2} + \frac{A^2}{H^2} = 1, \quad あるいは \left(\frac{O}{H}\right)^2 + \left(\frac{A}{H}\right)^2 = 1$$

　さらに，$\sin\theta = \dfrac{O}{H}$ かつ $\cos\theta = \dfrac{A}{H}$ ですので，この式は任意の θ について，

$$\sin^2\theta + \cos^2\theta = 1$$

となります．$\sin^2\theta$ は，θ に正弦関数を適用したものの 2 乗となっていて，θ^2 に正弦関数を適用したものではないことに注意する必要があります．この等式はすべての θ の値について成り立ち，三角関数の重要な恒等式の一つです．またこの式は，ピタゴラスの定理のうまい言い換えであることに注意する必要があります．

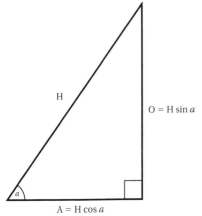

H

O = H sin a

A = H cos a

直角三角形の斜辺の長さ H と角度 a が分かっているとき，正弦関数と余弦関数の定義によって残りの 2 辺の長さは簡単に求めることができます

66 正弦定理，余弦定理

　正弦定理と余弦定理は，一般的な三角形における，辺長と角度の関係の公式です．合同（⑥参照）の考えによると，2辺の長さとその間の角度により1枚の三角形を決めることができますので，これらの数値から残りの二つの角度と残りの1本の辺の長さを計算することができることになります．

　三角形の辺と角を，図に示すように決めると，この定理は次のようになります．

$$\frac{\sin A}{a} = \frac{\sin B}{b} = \frac{\sin C}{c} \quad \text{（正弦定理）}$$

$$c^2 = a^2 + b^2 - 2ab\cos C \quad \text{（余弦定理）}$$

　もし C が直角であれば，$\cos C = 0$ となるので余弦定理はちょうどピタゴラスの定理と同じになります．したがって余弦定理はピタゴラスの定理を C が直角でない場合にも使えるように手直ししたものということになります．

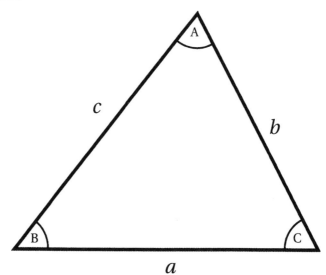

⑥⑦ 加法定理

　三角関数の加法定理によると，角度の和についての正弦の値と余弦の値を計算することができます．それはまた，三角形の内角が，鋭角（90°未満）の範囲を超える角度についても正弦と余弦の関数を使えるようになるという便利さをも備えています．

　これらの定理は，2枚の三角形を，図に示すようにつなぎ合わせてできる三角形を考えることで，次のように導くことができます．

$$\sin(A+B) = \sin A \cos B + \cos A \sin B$$
$$\cos(A+B) = \cos A \cos B - \sin A \sin B$$

この式で $A=B$ とすることで，次の倍角の公式が得られます．

$$\sin(2A) = 2\sin A \cos A$$
$$\cos(2A) = \cos^2 A - \sin^2 A = 1 - 2\sin^2 A = 2\cos^2 A - 1$$

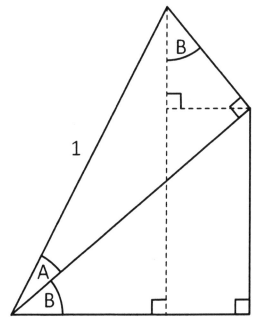

加法定理を用いると，例えば二つの角 A と B を合わせた角度をもつ直角三角形の正弦 $\sin(A+B)$ や余弦 $\cos(A+B)$ の値を計算することができます

⑱ 対称性入門

　ある物体や画像が，移動や変換の後も同じ形を保っているとき，それは対称的である（何らかの対称性がある），と言われます.

　幾何学では，ある種の変換は対称性を定める基準となり，また長さを保ちます. その一つは「鏡映変換」で，図のように鏡映となるように写す変換（⑲参照）であり，2 次元においてはある直線を鏡として，3 次元においてはある平面を鏡として写します. 2 番目は「回転変換」で，2 次元においては点のまわり，3 次元においては直線軸のまわりに回転させます. 3 番目は「並進変換（平行移動）」で，物体を決まった方向に平行移動させます. これらの動きは，組み合わせることも可能です. その中で，ある変換をある物体に適用すると変換前と同じ状態になるとき，その物体はその変換の下に不変あるいは対称的であると言います.

　対称性はまた，数学の別の分野でも有用です. 数学的な要素に何らかの演算を行ったときに，その要素の性質が保たれるとき，その操作は対称的であると言われます. このことはその操作における「群」の定義において重要な意味をもちます（⑬⑪参照）.

ロールシャッハテストに使われる鏡映変換を見せる図

⁶⁹ 並進，回転，鏡映

　幾何学上の対称性には３種類の基本的なタイプがあります．いずれも
ある物体や図形をその形を保ったまま動かす操作を意味します．

　並進変換は，形をある決められた方向に平行移動させますが，その形
を特徴づける，長さや角度といった量は変えません．回転変換は，平面
上のある点の周りにその形を回転させますが，やはりその長さや角度と
いった量を変えることはありません．鏡映変換は，２次元の場合，その
形を鏡映軸と言われる直線を鏡として，鏡映します．並進変換と回転変
換では，形をそれが含まれる平面上を滑らせますが，鏡映変換では，形
をその平面から持ち上げて裏返すという操作が不可欠です．ただし長さ
や角度といった数量は変えません．なおときには，鏡映変換を対称性の
仲間に含めることは適切でない場合もあります．例えば，ジグソーパズ
ルのピースでは，表と裏の面は同じではなく，片面には絵が描かれ，も
う一方の面は無地になっています．

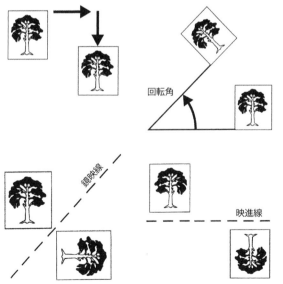

４種類の対称変換．
上段左は並進変換，
上段右は回転変換，
下段左は鏡映変換，
下段右は映進変換
（鏡映変換と並進変
換の組合せ）

(70) 多面体

2次元の多角形に相当する3次元空間における図形は2次元の平らな面で切り取られた多面体です．2次元の多角形に，一定の規則性を適用することでできる特別シンプルな正多角形が無数にあるのと同じように，3次元の多面体には図のような規則性の高い5種類の「プラトンの立体」と呼ばれる正多面体があります．

・正四面体（左上）：4枚の正三角形からできている．
・立方体（右上）：6枚の正方形からできている．
・正八面体（中央）：8枚の正三角形からできている．
・正十二面体（左下）：12枚の正五角形からできている．
・正二十面体（右下）：20枚の正三角形からできている．

面の種類や配置や枚数をもっと自由にすれば，多面体の種類は，多角形よりももっと多くなります．

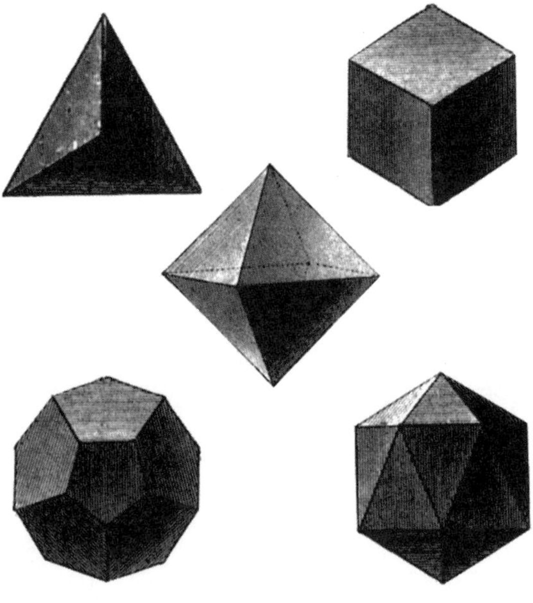

(71) 埋め尽くし

2次元の多角形をたくさん用意して，辺どうしを，図のように隙間なく重なり合う部分もできないように合わせて平面あるいはその部分を埋め尽くすとき，タイル貼りできる（あるいはたんにタイル貼り）と言います．とくに正多角形を1種類だけ使う場合には，3本の辺をもつ正三角形だけを使う場合，4本の辺をもつ正方形だけを使う場合，6本の辺をもつ正六角形だけを使う場合，の三つのパターンだけがタイル貼り可能です．

いくつかの形を組み合わせることで，より複雑なタイル貼りをすることもできます．その中で単純なものには周期的タイル貼りがあって，並進対称性をもっています．その場合，パターン全体をある方向に平行移動すれば，もとのパターンにぴったり重なります．

3次元の多面体については，それらをたくさん用意して，側面どうしを隙間なく，重なり合う部分もできないように合わせて，3次元空間あるいはその部分を埋め尽くすとき，ブロック積みできる（あるいは単にブロック積み）と言います．正多面体の中では，立方体だけが単独でブロック積みできます．

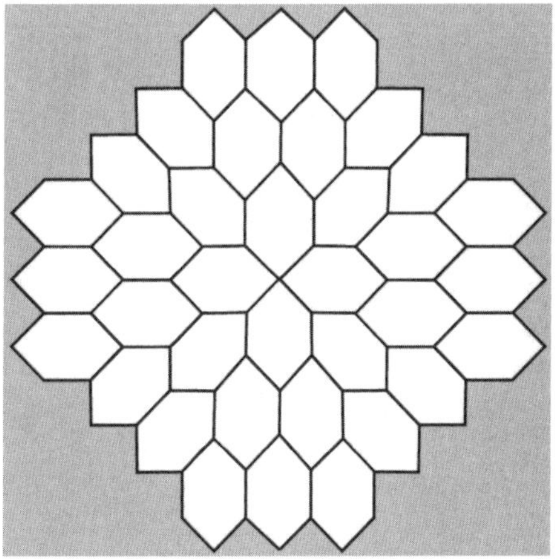

より複雑な多面体を使えば，「蜂の巣」と呼ばれるような，無限に多くのブロック積みが可能です．これらは結晶化学の分野では，多面体の頂点が結晶の中にある原子の位置を示すこともあって重要で，結晶構造の研究は，物理的に可能な蜂の巣のような並進対称性をもつ結晶構造に限っても，230もの別々の埋め尽くしパターンがあることを明らかにしました

⁷² ペンローズのタイル貼り

　ペンローズのタイル貼りは，タイル貼りの特別な例で，2種類の異なるタイルを使います．1970年代半ばにイギリスの理論物理学者であるロジャー・ペンローズによって発見された，これらの「非周期的な」タイル貼りは，部分の周期的な繰り返しは見せません．

　注目すべきは，それに見る抽象的なパターンが自然界の産物の中にも見られることです．1980年代の初めには，材料科学の研究者たちが，数学的に示されていたのと類似の，準結晶と呼ばれる非周期構造を発見しました．これらは，いろいろな材料の表面を補強したり，摩擦力を非常に低くして表面を滑らかにしたりするのに使うことができます．

　ペンローズのタイル貼りは2種類考えられていますが，そのうちシンプルな方は図に示す通り，「太い」菱形と「細い」菱形をタイルとして，それらを組み合わせて並べます．菱形は4辺の長さが全て等しい四角形であり，向かい合った二組の辺がそれぞれ平行になっています．ただの1種類によって同じような非周期的に平面を充填するパターンを見つけることができるかどうかは，まだ分かっていません★．

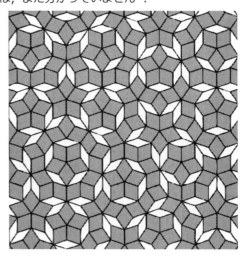

73 球

　球は，2次元の円に対応する完全に丸まった3次元の幾何学的な図形です．もし球が，地球の北極と南極を結ぶ地軸のような基準線をもっていたとしたら，それを基準にして，表面上にあるどんな点の位置も，二つの角度で表現することができます．地球の場合，私たちはそれを経度と緯度で表します．

　緯度は，球面上の点と球の中心を結ぶ直線と，地軸と垂直な面（例えば赤道面）とが作る角度です．このとき，同じ緯度をもつ点の集合は円となりますが，これを緯線（緯円）と呼びます．経度は，基準線から測った地軸まわりの回転角です．地軸が地球と交わる北極と南極を両端とする地表面上の半円を，経線（経円，子午線）と呼び，経線のうち，計測の基準とする1本を基準経線（本初子午線）とします．地表上のある点の経度とは，基準経線とその点を通る経線との間の角度です．

　球面上のある面積をもつ領域は，境界線を球の中心と結ばれると，底面が球面の一部分になるように一般化した錐体を作ります．この錐体の頂点の広がり方を立体角と呼びます．その大きさは半径を1としたときの球面によるこの錐体の断面の面積とします．半径が r の球面の面積は公式によって $4\pi r^2$ ですので，半径が1のときの球面の面積と同じく球面全体の立体角も単純に 4π となります．

平らな紙面上で，球体の表面の地図を表すには，ゆがみを少なくするようないくつかの工夫が必要になります．その地図は，描かれた二つの部分の面積の比率を実際と等しくするべきでしょうか，緯線を直線とするべきでしょうか，あるいはまた別の量を実際と等しくするべきでしょうか？　この工夫の仕方により，曲面の2次元平面における表現は，異なったものとなります

⁷⁴ 非ユークリッド幾何学（新しい幾何学）

　非ユークリッド幾何学は，図の最上段のような曲がっていない平面の上で考えられるユークリッド幾何学（51 参照）とは異なる，図の下2段のような曲がった面で考えられる幾何学です．これらの曲がるという条件の下では，ユークリッドの第5公理を言い換えた「ある与えられた直線に対して，その上に無い点を通り元の直線に平行な直線は，確かに一つだけ引くことができる」という公理を適用できません．球面上の幾何学がその一例です．つまり，球面上でいう直線とは，球面上の大円（球面上に描かれる円のうち，中心が球の中心と一致して半径が球の半径と等しくなるもの）となりますので，ある与えられた大円に対して，その上に無い点を通る大円を描くと，必ず与えられた大円と交わります．したがって，球面上には，元の大円に平行となる（つまり元の大円との交点をもたない）大円は描くことができないのです！

　非ユークリッド幾何学は，図の2段目に示す球面のような曲がり方（正の曲率）をもつ面の上の幾何学である楕円幾何学と，図の最下段に示す鞍形面のような曲がり方（負の曲率）をもつ面の上の幾何学である双曲幾何学に分類されます．与えられた点を通り与えられた線に平行な線についていえば，楕円幾何の場合はなく，双曲幾何の場合は無数にあるという，いわゆる「古典的でない新しい幾何学」のことです．

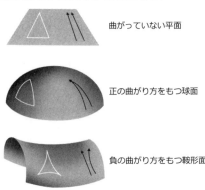

曲がっていない平面

正の曲がり方をもつ球面

負の曲がり方をもつ鞍形面

⑦⑤ 球による最密充填問題

　球による最密充填問題とは，決められた箱の中に最も数多く球を並べる方法を決める問題です．つまり，その箱の中で球が入っていない部分の体積が最小になる，つまり最密になる，ようにするにはどのように球を配置すればよいか，という問題です．

　この問題は，青果店の人がオレンジを店頭に並べるときに使っている方法を見れば分かりやすいですが，実はオレンジではなく砲弾を並べる問題として，長い歴史をもっています．17世紀のドイツの天文学者でもあり理論家でもあったヨハネス・ケプラーは，砲弾の効率的な並べ方を聞かれたとき，まず1段目の層を水平面上で正方形状に並べ，1段目でできたくぼみに次の層を配置し，以降は同じように積んでいく，という方法が最密であると推測しました．ケプラーはこの方法で空間の74%強を埋めることができると計算したのです．これは，1段目を三角形状あるいは六角形状に並べて同じようにくぼみに積んでいくという方法と同じ密度をもちます．この方法が最密であるという予想はケプラー予想と言われてきました．

　ケプラー予想を解くのは非常に困難でしたが，コンピューターを用いて，いろいろな場合を分析するという網羅的な方法で2003年にケプラーの正しさが証明されました．

球による2種類の最密充填方法の1層目．
密度は同じ

⁷⁶ 円錐曲線

　円錐曲線は，直線や平面と同じように，ギリシャ時代の幾何学における基本図形になっています．いずれも図のように3次元空間内の頂点をOとする円錐を平面で切断したときに現れ，幾何学的に美しい曲線として，次のような点の集合を見せます．ただし円錐の回転軸は垂直に立っていて，切断平面は点Oを通らないとします．

・円錐と，水平な平面との交線としての円．

・円錐と，傾きが円錐の表面上の直線よりも小さく水平ではない平面との交線としての楕円．

・円錐と，傾きが円錐の表面上の直線と等しい平面との交線としての放物線．

・円錐と，傾きが円錐の表面上の直線よりも大きい平面との交線としての双曲線．

　特別な場合として，平面がOを通るときは，円錐との交わりは，1点か，1直線か，2直線かになります．

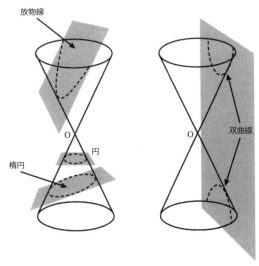

放物線

円

O

楕円

O

双曲線

⑰ デカルト座標

　平面上のデカルト座標★は，平面上において，任意に取った原点に対する，任意の１点の位置を，直交２直線上の二つの数の組によって示すものです．17世紀にフランスの哲学者であり数学者でもあったルネ・デカルトによって考案されたもので，地図で用いる緯度・経度の座標系に似ています．これを使うと幾何学図形を簡単に数で表すことができます．

　２次元の平面においては，点は座標 (x, y) をもっており，これは水平な方向に x 単位だけ移動し，垂直な方向に y 単位だけ移動することを意味しています．$(-1, -2)$ のような負の値が含まれる点は，逆の方向に移動するという意味をもっています．

　３次元の場合も同じように，点の位置を特定するのに三つの座標 (x, y, z) が使われます．簡単に想像できるように，同じ方法により，数学者は n 次元の空間をも表現できます．たとえ図示するのが難しいような高い次元であっても，座標値を n 個使用すればよいのです．

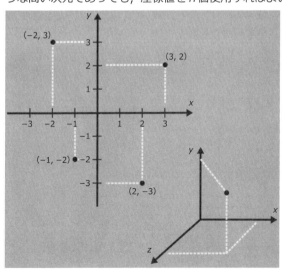

デカルト座標系．
左図は２次元の場合，右図は３次元の場合

78 代数学入門

　基礎的な代数学は，数式を操作する道具です．その一方で，抽象代数学（130 参照）は群といったような数学的な構造を扱う理論です．いずれにおいても数式中に含まれる数量を表すために文字記号を用いることがあります．数そのものではなく文字記号を使うことは，数学的な処理をより一般的に行うことを可能としました．とくに，図に示す x という文字は，値が分からない数や，任意の数を表すために使われる，最も伝統的な文字記号となっています．それによって，数式をうまく操作することができ，数量どうしの間の関係を従来とは違った形で，より簡潔に，書き直すことができるようになりました．

　例えば「3 を加えたときに合計が 26 となる数は何か」と聞かれたとします．もちろん，答は直感的に分かるかもしれませんが，数学的にはこの未知の数を表す文字 x を用いて，$x+3=26$ という等式で与えられるパズルとなります．この非常に簡単な例では式の両辺から 3 を引けば $x=26-3$ という形で答えが出てきます．

　代数学とはすべてこのような理論的な操作に関する数学です．ただし，ふつう，その計算の過程はもっと複雑になります．

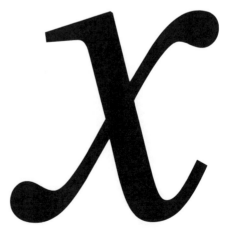

(79) 方程式

ある事柄が別の事柄に等しいことを示す数式を等式と言います．$x+x=2x$ というのも，$E=mc^2$ というのも，$x+3=26$ というのも等式です．しかし，これらそれぞれの式には微妙な違いがあります．最初の式は「恒等式」であり，この等式は x に関わらず常に正しいです．２番目の式は関係を示す等式であり，E が m と c を用いて定義されています．一方，３番目の式は x がある値のときだけ正しくなる，という等式であり，「方程式」と呼ばれます．代数学ではほとんどの場合，方程式の左辺か右辺の少なくともどちらかには未知の値が含まれており，通常これらは x，y，z などと記載されます．多くの代数学では，これらの未知の値を見つけるために方程式を変形して解きます．

数量を扱うほとんどの研究分野，例えば科学，経済学，さらに心理学や社会科学の分野においても，現実世界の状況を記述するのに，方程式が使われます．物理学においては，例えばニュートンの運動法則は質量と力の間の相互作用を示すものですが，数と同じように導関数（(101) 参照）を用いた運動方程式として記述することもできます．さらに，経済学のモデルのいくつかは，商品の値段を需要と供給に結びつけた方程式となっています．

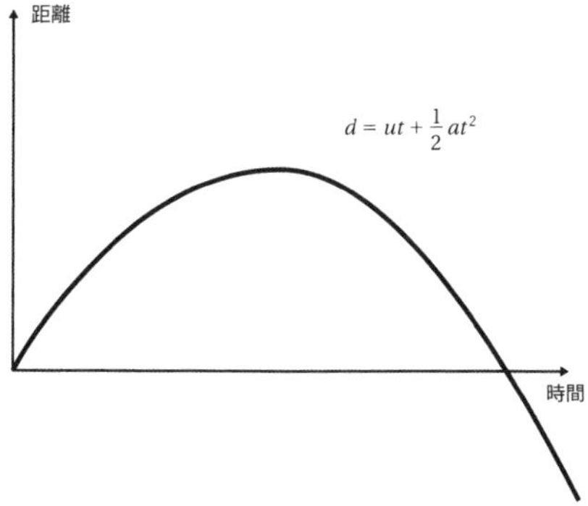

$d=ut+\frac{1}{2}at^2$ のグラフ．この等式は物理学では有名で，初期の速度 u に一定の加速度 a がかかった状態で物体が動く場合に，t だけ時間が経過したときの初期位置からの上下方向の距離を表します．ここでは，距離が時間に対してプロットされていて，加速度が負の場合の例となっています．弾丸が下向きの重力に対して上向きに角度をつけて発射された場合，水平方向の移動距離は時間と比例するので，軌道はこのような放物線を描きます

⑧⓪ 方程式の変形

　方程式はより簡単な形になるように変形することができ，さまざまな方法で解くことができます．

　その方程式を作るにあたっては，いくつかの約束事があります．そのうち最もよく知られたものの一つが「掛け算の記号を省略する」ということです．これは，未知数の万能な記号として「x」がよく使われることを考えると賢明なことと言えます．この約束により，$x \times y$ と書く代わりにシンプルに xy と書きます．$E = mc^2$ という式は $E = m \times c \times c$ という意味です．

　また別の約束事として，混乱しがちな表現をはっきりと分かりやすくするためにカッコを使うということがあります．例えば $2 \times 3 + 5 \times 4$ という数式は紛らわしいもので，答は，どの演算を先にするかという順序によって変わってきます．その場合，入れ子になっているカッコに従って，「最も内側のカッコの中から計算し，その計算を内側から外側へ順番に移す」ということになっています．この約束により，$(2 \times 3) + (5 \times 4)$ と記した場合は，$2 \times (3 + 5) \times 4$ と記した場合や，$2 \times (3 + (5 \times 4))$ と記した場合とは違った答が出てくるようになります．といってもカッコは，いつも必要だとは限りません．例えば掛け算の結合といった操作では，$a \times b \times c$ は $a \times (b \times c)$ の順に計算しても $(a \times b) \times c$ の順に計算しても同じ結果となります．

代数計算の約束

　加法：$a + c = b + c$ ならば $a = b$

　乗法：$ac = bc$ かつ $c \neq 0$ ならば $a = b$

　因数分解：$ab + ac = a(b + c)$

---

⁸¹ 連立方程式

　連立方程式とは，複数の未知数を含む複数の方程式の組のことです．例えば，二つの未知数をもつ二つの等式 $2x+y=3$，$x-y=1$ で構成される方程式の組のことです．この二つの方程式を同時に満たすように解くことで，それぞれの未知数の値を次のように求めることができます．

　つまり，このうち2番目の式を，代数計算の規則に従って変形すると，$x=1+y$ となり，この x を表す式 $(1+y)$ を1番目の式に代入すると $2(1+y)+y=3$ という式を得ることができます．さらに $2+2y+y=3$ は $2+3y=3$ となり，変形すると $3y=3-2$ となって，最終的に $y=\dfrac{1}{3}$ と求まります．この y を2番目の式に代入すると，x は $\dfrac{4}{3}$ となります．

　一般的に，一つの未知数に対し一つの方程式が必要です．しかしその条件を満たしているからと言って，解が存在することは保証されませんし，解が一つだけでなくたくさん存在する場合もあります．幾何学的な見方をすれば，上に挙げた二つの等式は線形です．つまり2直線を表現しています．そのため，線形の方程式を解くということは，図のように，二つの直線の交点を見つけるというのと同じ意味になります．

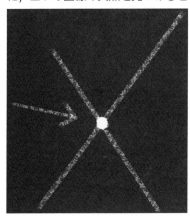

⧄82 方程式とグラフ

　方程式をグラフとして描画すると，変数の一つが変化したときに他の変数がどのように変化するかを分かりやすく示すことができます．「二つの実数変数の関係を示す方程式は，x軸とy軸という2次元の直交座標系における関係として図示できる」という性質があるからです．つまり，2変数の方程式は，その方程式が決定するxとyという値に対応している曲線として解釈することができます．

　図に示すように，$y = x^2$という方程式は，放物線を形成する点の集合です．方程式をより複雑なものとすれば，もっと複雑な曲線を表すこともできます．一つのxに対応するyは一つとは限らず複数かもしれませんし，対応するyが無い場合もあります．

　2式からなる連立方程式のそれぞれの等式が同じ座標系に描かれたとき，それらの曲線の交点である(x, y)は，二つの方程式を同時に満たすことになります．つまり連立方程式の解を求めることは，曲線の交点を求める問題と同じであり，ここで代数学と幾何学が出会うことになります．

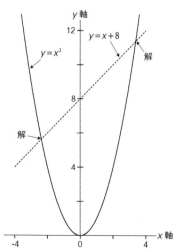

二つの式で構成される連立方程式の解を見つけることは，グラフの交点を見つける問題と本質的に同じです

83 直線の方程式

　あらゆる直線は次のいずれかの方程式で書き表すことができます．一つは a を定数として $x=a$ という形をしています．ただしこれは特別な場合であって，x 軸に垂直な直線を表しています．もう一つはもっと普通に見られる場合で，m と c を定数として $y=mx+c$ という形をしています．m は直線の傾きを表し，c はその直線が y 軸と交差する位置の y 座標を表しています．

　直線の傾きは「勾配」とも呼ばれます．それを求めるには，直線上に任意の2点を取って，その2点間の高さ（y 値）の変化を，水平位置（x 値）の変化で割ればよいのです．数式で言えば，異なる2点 (x_1, y_1) と (x_2, y_2) について $m=\dfrac{(y_2-y_1)}{(x_2-x_1)}$，ということになります．図のグラフでの勾配は $\dfrac{4}{5}$ です．

　より一般的には，$x=a$ と $y=mx+c$ の両方をまとめ，定数 r, s, t を適切に選んで $rx+sy=t$ のようにすることがあります．この形式による直線の方程式は，線形の連立方程式（81 参照）の中でよく登場します．

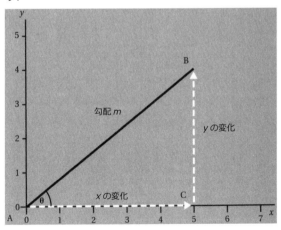

🔢 平面の方程式

　平面は 3 次元空間に広がる平らな面で 2 次元の広がりをもちます．方程式は，2 次元平面上の直線の方程式を 3 次元へ拡張した形となり，$ax + by + cz = d$ と表されます．a, b, c, d は，a, b, c の少なくとも一つは 0 ではない定数です．ここでは 3 次元空間で考えているので，追加した変数 z は 3 番目の次元を記述するものであることに注意する必要があります．

　$a = b = 0$ といったような特別な場合には，この方程式は $cz = d$ と簡単になり，さらに $z = d/c$ となります．c と d は定数なので，z は常に定数となり，この平面は，x と y がどのような値を取っても，一定の高さ z をもつ水平な面となります．

　三つの変数をもつ線形の式を三つ連立させた方程式の解は，3 平面の交わりを表しています．それは通常は 1 点ですが，解が無い場合（2 枚の平面が平行ではあるが一致しない場合など）もあります．また，解が直線全体かあるいは重なった平面全体になる場合は無限に多くの解をもちます．

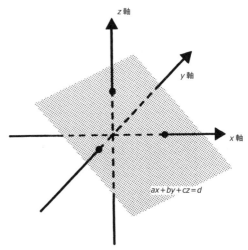

　3 次元空間に広がる 2 次元の平面．x 軸を紙面の横方向に，z 軸を縦方向に取る場合は，y 軸は紙面に垂直な方向となります

85 円の方程式

　円周を指す場合の円は，ある点から一定の距離だけ離れた位置にある点の集合として定義されます．その円もまた，代数的な表現として，方程式の形式で記述することができます．

　もし，円の中心がデカルト座標の原点 (0, 0) であるならば，その円周の上にある任意の点の座標値 (x, y) を見つけるのに，ピタゴラスの定理を使うことができます．円の半径を r とすると，円の中心から点 (x, y) への距離は r であり，それは直角三角形の斜辺以外の2辺の長さを x, y としたときの斜辺の長さとなります．

　つまり半径 r を定数として，$x^2+y^2=r^2$ と書くことができ，この式が上記の条件に合致する点の集合である円を定義する方程式となります．そしてこれが，さまざまな円錐曲線（76参照）を表す方程式への出発点となります．

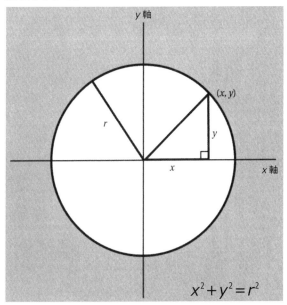

86 放物線の方程式

　放物線は円錐曲線の一種です．円錐と，その円錐が接する平面に平行
な平面との交線となった曲線で，最大値あるいは最小値を取る点を一つ
だけもちます．代数的には，二つの変数をもち，片方の変数がもう片方
の変数の2次関数に等しいという方程式，つまり $y=ax^2+bx+c$，で
定義されます．

　最もシンプルな例は $y=x^2$ です．x^2 は，x の正負を問わず0と同じ
か0より大きいので，y の最小値は $x=0$ のときの0です．y の値は
x^2 ですので，x の絶対値が大きくなるに従って，x の2乗で大きくな
ります．

　放物線は，物体に一定の加速度がかかり続けるときに，どういう運動
をするかを記述するのに役立ちます．加速度がかかっている方向に物体
が移動する距離は，動いている時間の2乗に比例します．例としては，
図に示すように発射される弾丸の理論的な軌跡は，x 軸方向（水平方
向）には一定の速度を保ちますが，y 軸方向には重力の働きにより下向
きの加速度の影響を受け，放物線の軌跡を描きます（79参照）．

⃞87 円錐曲線の方程式

　円錐曲線とは，幾何学的には，頂点の上と下の両側に広がる円錐（⃞76参照）と，平面との交線として定義される曲線です．

　この円錐が z 軸について回転対称になった形で $z^2 = x^2 + y^2$ のように表されるとして，z 軸を垂直方向とすれば，水平な平面の z 座標は一定となり，例えば c という定数で表せます．その平面と，上記の円錐 $z^2 = x^2 + y^2$ との交線は，$x^2 + y^2 = c^2$ となります．この式は半径が $|c|$ である円周の方程式と同じです．円錐上の直線に平行な平面，例えば $z = y + d\,(d \neq 0)$ と，円錐の交線は $x^2 + (z-d)^2 = z^2$ つまり放物線 $z = \dfrac{1}{2d}x^2 + \dfrac{d}{2}$ となります．

　その他の平面と上記の円錐との交線は，楕円または双曲線になります．円錐を平面で切った切り口が一つの閉曲線となる場合，それは $\dfrac{x^2}{a^2} + \dfrac{y^2}{b^2} = 1$ で表される楕円となります．切り口が2本の曲線となる場合，それは $\dfrac{x^2}{a^2} - \dfrac{y^2}{b^2} = 1$ で表されて図に示すような双曲線となります．

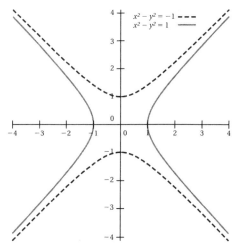

88 楕円の方程式

　楕円は，円錐曲線の一つで，頂点の上と下の両側にあって $z^2 = x^2 + y^2$ のように表された円錐と，円錐上の直線が底面となす角より小さい角度で傾いた平面との交線として定義されます．a と b をその楕円の長軸と短軸の長さに関係する定数とした場合は，$\dfrac{x^2}{a^2} + \dfrac{y^2}{b^2} = 1$ といった式で表されます．

　もし $a > b > 0$ であれば，その楕円の焦点は長軸上の二つの点となります．長軸が x 軸と一致する場合は，中心から焦点への距離は $\sqrt{(a^2 - b^2)}$ です．

　楕円はまた，その周上にある点と二つの焦点を結ぶ三角形の周長が一定な点の集合として定義することもできます．さらに，二つの焦点間の距離は一定なので，周上にある点から二つの焦点へのそれぞれの距離の和が一定な点の集合，と定義することもできます．1609 年に，ドイツの天文学者であるヨハネス・ケプラーは惑星の軌道は，図のように，焦点のうちの一つが太陽の位置である楕円として記述できる，ということを観測によって発見しました．

　一般に楕円は，重力が働く空間にある物体（例えば軌道上の人工衛星のような物体）の回転の軌跡を記述するのに用いることができます．

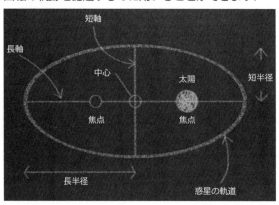

89 多項式

次のような形で与えられる数式を多項式と言います.

$$a_0 + a_1 x + a_2 x^2 + \cdots + a_n x^n$$

ここで, a_0, a_1, a_2, …は定数です. 別の言い方をすれば, 有限級数（37参照）で, すべての項が x のベキ乗の何倍かになったものです. その多項式で x の最大の次数はその多項式の次数と呼ばれます. 2次多項式は x^2 までの項があるもので, 2次式[★1]とも呼ばれます. 3次多項式は x^3 までの項を含むもので, 3次式[★2]とも呼ばれます. 次数が1の多項式は1次多項式や1次式と呼ばれますが, その関数のグラフが直線となることから線形の式とも言われます. 多項式のゼロ点とは, 等式の左辺に多項式を置き, 右辺に0を置いたとき（つまり多項式＝0としたとき）の解のことを言います.

多項式は, 多くの関数において部分的に良い近似値を示します. それで, 物理学・化学から経済学・社会科学まで, さまざまな分野で広くモデルとして使われます. 数学においては, その式自体が重要であり, 行列（126参照）の特徴を記述するためや, 結び目不変量（181参照）を決めるためにも使われます. また, 抽象代数学においても重要な役割を果たします.

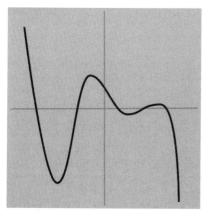

5次多項式の関数（5次関数）のグラフ

⑨⓪ 2次方程式

2次方程式とは，ある変数の2乗までの項を含む等式です．つまり2次多項式をゼロとする方程式ということもできます．幾何学的には，ある放物線と x 軸（$y=0$ の直線）の交点を示し，一般的な式は，$a \neq 0$ として $ax^2 + bx + c = 0$ となります．

もし $b=0$ であれば，解くのは簡単です．式は $ax^2 + c = 0$ となるので，$ax^2 = -c$，そして $x^2 = \dfrac{-c}{a}$ と変形でき，解は $x = \pm\sqrt{\dfrac{-c}{a}}$ です．ここで±の符号は，二つの解，すなわち正の解と負の解が存在することを示しています．そのどちらも2乗すると結果は $\dfrac{-c}{a}$ となります．もちろん，$\dfrac{-c}{a}$ そのものが負であれば，その平方根たる解は実数の範囲では得られず複素数（⑭⑪参照）となります．

より一般的な $b \neq 0$ の場合について考えると，図のような，良く知られた公式が導き出せます．$b^2 - 4ac$ という値は，その方程式の判別式と呼ばれ，その方程式がいくつの実数解をもつかを示す指標となります．

$$x = \frac{-b \pm \sqrt{b^2 - 4ac}}{2a}$$

91 3次，4次，5次方程式

　3次方程式とは，3次の多項式による方程式のことであり，英語では
キュービクス（cubics）と呼ばれます．4次方程式は4次の多項式によ
る方程式，5次方程式は5次の多項式による方程式のことで，それぞれ
英語でカルティクス（quartics），クインティクス（quintics）と呼ば
れます．一つの極値（局所的な最大値または最小値）をもつ放物線に対
応する2次方程式と同じように，より高次な方程式は一般的に，最大で
その次数より一つ少ない極値をもつ曲線を決めます．3次曲線は最大で
二つの極値をもち，4次曲線は最大で三つの極値をもち，以降は同様，
という具合です．

　このような高次の方程式の一般解を，基本的な演算★だけを用いる数
式の範囲で見つけることは，2次方程式の場合よりもずっと難しいこと
でした．3次方程式の解の公式は16世紀のイタリアで発見され，一般
に一つか二つか三つの実数解をもつことが明らかにされました．一般的
な4次方程式の解については，非常に巧妙で賢い方法を用いて示される
ようになっています．5次方程式は，それを解こうとするあらゆる試み
をすり抜けてきましたが，1820年代になって，4次を超える方程式に
ついては一般的な解を記述することはできない，ということが証明され
ました（139参照）．

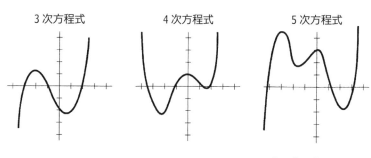

3次方程式　　　　4次方程式　　　　5次方程式

⑨ 代数学の基本定理

　代数学の基本定理とは，多項式がゼロになる点について述べるもので，2次あるいは3次方程式から類推されてきた予想が実際に正しいと確約するものです．つまり，n次方程式の実数解は最大でn個である，ということです．これは，係数が実数であるという範囲を超えて，係数を複素数に拡張した場合においても成り立ちます（⑭参照）．

　この基本定理は，自然数に対する素因数分解（⑫参照）によく似た，多項式の因数分解を提供してくれます．それは，図の上に示す式を図の下に示す式のようにxの一次式n個を掛け算した積として書き表すことができる，というものです．ここで，z_1, …, z_1 は複素数であり，それらのうちいくつかは虚数部が0，すなわち実数となることもあります．もし多項式の係数 a_i が全て実数であれば，虚数部が0ではない複素数の解は，その複素共役（⑭参照）と対になって現れます．

　多項式の値が0となるとき，少なくとも下の図のカッコの一つは0とならなければなりませんし，逆にカッコの中の項が一つでも0であれば多項式の値は0となります．それでこの公式は，n次多項式はn個の解（あるいは根）をもつ，ということを示しているわけですが，そのうちいくつかは重複していたり複素数であったりすることもあります．重複した解（重解，重根）とは，2回以上現れる解のことです．例えば $(x-a)^2 = 0$ といった方程式の解は $(x-a)(x-a) = 0$ より一つの a だけですが，それぞれのカッコごとに数えると二つの a になります．

　この結果は，ドイツの偉大な数学者，カール・ガウスが1799年に発表したことで，ガウスの業績となりました．ガウスは何通りもの方法でこれを証明しました．その証明のうちの一つには完全ではない個所があり，その部分が厳密に解決されたのは1920年になってからです．

$$a_0 + a_1 x + a_2 x^2 + \cdots + a_n x^n$$
$$a_n(x - z_1) \cdots (x - z_n)$$

⑨³ 関数入門

　関数は数学における変数の間の関係を表します．つまり問題が入力されると，何らかの規則に従ってそれを解き，答を出力します．例えば，関数 $f(x) = x+2$ は，実数 x を入力として受け取り，それに 2 を足して $x+2$ を解き，答を出します．より高度な関数には，多項式，ベキ級数，さらに三角関数などがあります．関数を使わないとするとどんな数学に挑戦するのも容易ではありません．

　関数は，必ずしも x のすべての実数に対して定義される必要はありません．f の定義域という，実数の部分集合の値に対して定義されていればいいのです．関数の可能な出力の範囲を値域，定義域の部分集合の値を入力とする関数によって作られる出力の集合を像と言います[★1]．

　簡単に定義されて利用される初等関数[★2]は重要性があるにもかかわらず，その数は極めてわずかしかありません．他の関数のほとんどは，こうした初等関数を用いて表されるか，または近似されます．

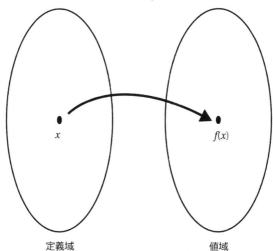

定義域　　　　　　　　　　　　　　値域

関数は定義域から値域への写像を意味します．定義域の要素 x の像は値域の要素 $f(x)$ です

⑨⁴ 指数関数

　指数関数は，恒等写像 x と共に数学において，多分，最も重要な関数です．それは $\exp(x)$ と表され，常に正であり，x が負の無限大になればゼロに近づき，x が無限大になれば無限大になります．$y = \exp(x)$ のグラフを描くと，x が増加するにつれて傾きはより急峻になります．グラフの傾きが関数値つまり y 座標の値に等しいからです[★1]．

　放射性物質の崩壊，伝染病の流行，あるいは複利の増減のような多様な現象の振る舞いはどれも指数関数によって表されます．それだけに指数関数は多くの関数の構成要素となります．$\exp(x)$ は e^x とも書きますが，これは自然対数の底（ネイピア数）の x 乗を表し，ベキ級数

$$e^x = 1 + x + \frac{1}{2!}x^2 + \frac{1}{3!}x^3 + \frac{1}{4!}x^4 + \cdots$$

によっても定義できます．

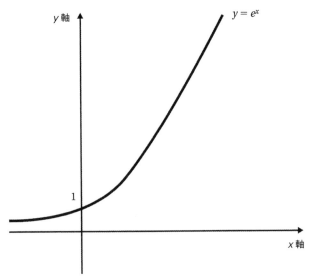

指数関数のグラフ．ゆるい傾斜から出発しますが，x の値が増加するにつれて傾きが図よりさらに急激にきつくなります[★2]

逆関数

　逆関数は，ある関数の入出力関係を逆にします．例えば，$f(x) = x+2$ のとき，その逆関数を $f^{-1}(x)$ と記すと $f^{-1}(x) = x-2$ です[*1]．逆関数は図式的には，元の関数のグラフを対角線 $y = x$ に対して対称に移すことにより導かれます．

　恒等関数 x の逆関数は x それ自身であり，指数関数の逆関数は対数関数（⑲参照）です．数 x の自然対数 $\ln(x)$ は，e のベキ乗が入力 x に等しいと置いたときのベキ（指数）です[*2]．自然対数はまた積分で表された面積の式（⑩⑤⑩⑦参照）においても現れます．なぜならば，$\ln(n)$ は曲線 $y = \dfrac{1}{x}$ と x 軸で挟まれた $x=1$ から n までの面積だからです．

　対数関数 $\ln(x)$ には興味ある特徴がたくさんあります．その一つは，x 以下に存在する素数の個数を表す近似式（⑲③参照）に現れることです．

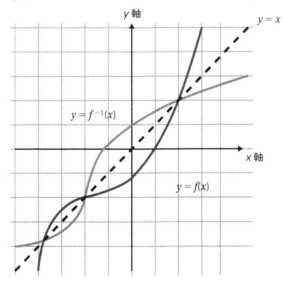

関数 $f(x)$ とその逆関数 のグラフの例．逆関数 $f^{-1}(x)$ のグラフは元の関数 $f(x)$ のグラフを対角線 $y = x$ に対して対称に移したものに一致します

96 連続関数

　関数の連続性とは，ある関数のグラフが紙からペンを持ち上げないで描くことができるという性質を意味しています．逆に不連続な関数を描くためには，紙からペンを持ち上げないといけません．関数が連続であれば制御しやすくなり，そのため連続関数についてはいろいろな説明をすることが可能になります．

　もし関数が連続ならば，それがどれほど早く変化するかを知ることができます．関数の入力を少し変化させると，普通は関数の出力にほんの少しの変化が生じます．そのため入力を x の十分近くに選べば，入力と x の差の変化による出力の変化は望むほど小さくできることになります．

　この考え方は，数列と級数（㊳参照）の極限を見つけるときに用いられた考え方に似ていますが，それは偶然ではありません（㊶参照）．x における連続性のもう一つの定義は，x に収束する任意の点列が与えられたときに，これらの点における関数値の数列が $f(x)$ に収束するということです．

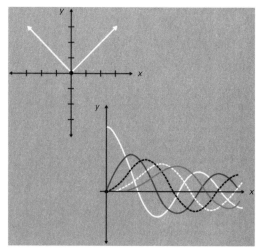

連続関数の例．上図は $y=|x|$（$x>0$ のとき $y=x$, $x<0$ のとき $y=-x$）．下図はベッセル関数で，減衰振動のモデルに用いられます★

97 三角関数

　初等的な三角関数は正弦（sin），余弦（cos）および正接（tan）の関数であり，それぞれ $f(x) = \sin x$，$f(x) = \cos x$，$f(x) = \tan x$ と書かれます．幾何学では，これらの $f(x)$ の値は直角三角形の角と辺による公式によって求められます．しかし，「角」がすべての実数値をとるように定義された幾何学的議論を用いて，三角関数の定義域を拡張することができます★．これにより，三角関数が幾何学を超えて応用される機会が開かれました．

　正弦関数と余弦関数のグラフを描くと規則的なパターンが現れ，そのパターンは 360° つまり 2π ラジアンごとに繰り返されます．このような繰り返しパターンをもつ関数は周期的であると言います．そのため三角関数は音波や光波のような振動する物理現象を研究するための有用なツールになります．

　正弦関数は $\sin(-x) = -\sin x$ なので奇関数，一方，余弦関数は $\cos(-x) = \cos x$ なので偶関数です．この二つの関数値は常に -1 と 1 の間にあります．

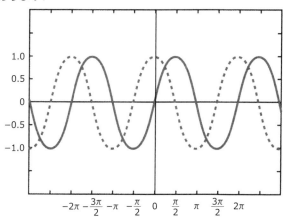

この三角関数のグラフは $\sin x$（実線）と $\cos x$（点線）の角 x の定義域が直角三角形の角の範囲（$0 < x < \pi/2$）を超えて拡張されています

98 中間値の定理

　中間値の定理とは，連続関数は紙面からペンを持ち上げないで描画できる，という考えを定式化したものです．どんな連続関数であろうと，二つの出力の間に存在する任意の数を与えれば，その数を出力とする入力が存在するというのです．つまり，取りうる出力に何か欠損を生じさせる飛び値が関数に全く存在しないというのです．例えば，入力が 10 および 20 に対して，その出力がそれぞれ 20 および 40 であるとします．そのとき中間値の定理によれば，図のように，関数のある出力が 20 と 40 の間にあれば，その出力を生みだす入力が 10 と 20 の間に必ず存在するのです．この定理はすべての連続関数に適用されますが，不連続関数の中にもこの入出力関係を満たすようなものがたくさんあります★．

　中間値の定理は，方程式の解の存在の証明などに幅広く利用されています．例えば，ハム・サンドイッチの定理を証明するために不可欠です．ハム・サンドイッチの定理とは，一枚のハムとそれを挟む二枚のパンがあるとき，一回のスライス（数学的には平面による切断）でそれらすべてをそれぞれ半分にすることができる，という定理です．

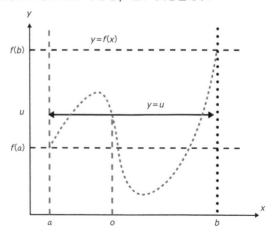

　u が $f(a)$ と $f(b)$ の間の任意の値のとき，$f(x) = u$ となる解 x が a と b の間に少なくとも一つ存在します．この図では，u に対して x の解が三つあります

99 微積分学入門

　微積分学は，変化量の研究に関わる数学の分野です．その基本的な二大要素は微分法（変化率の計算方法）と積分法（変化量の和の計算方法）であり，両方とも関数の無限小量とその極限値を取り扱います．これらにより，速度，加速度，あるいは拡散のような変化率が数学的に定式化されて，微積分学は数学的モデリングの基本的な手段となります．

　微積分学の背後にある統一的な考えは，多くの関数に対して入力の微小変化量と出力の微小変化量の間に合理的な関係がある，ということです．古典的な応用数学の多くは微積分学を駆使した関数を研究します．例えば流体力学の孤立波，力学の振動子集団の協力現象，貝殻のパターン形成，魚群の情報伝達，化学反応や森林火災のシミュレーションはすべて微積分学を使ってモデル化されます．

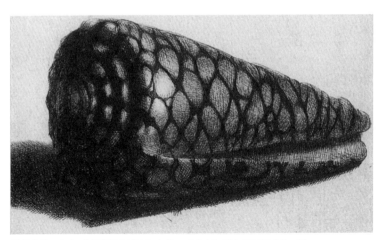

微積分学にもとづく数理モデルにより，このナンヨウクロミナシ（Conus marmoreus）のような貝殻の美しいパターンを作ることができます

⑩ 変化率

　関数の変化率はグラフを使って測定できます．関数の出力は，関数の
グラフの傾きが急であれば早く変化し，傾きが緩やかであればゆっくり
変化します．つまり変化率は現実の山と谷の傾きと具体的に類似してい
ます．接線の傾きが大きければ水平距離に対して高度が急激に変化する
のです．

　直線の傾きは一定であり，その値を m とすると直線の方程式は $y=$
$mx+c$ と表されます（⑱参照）．一般の曲線では，その上のある点での
傾きは，その点におけるグラフの接線の傾きであると考えてもよさそう
です．

　この傾きは，曲線上の定点とその近傍の点を結ぶ直線（割線）を描
き，その二点を近づけるとき，この割線の極限値として近似的に測定で
きます．このような傾きが存在すれば，それをその点における関数の微
分係数と言います★．微分係数は，傾きの値を求めた点が変われば変化
します．

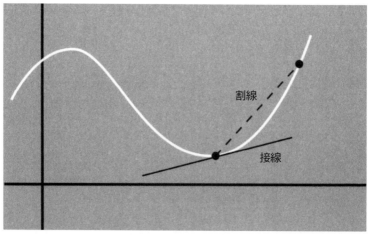

割線の極限としての接線．このグラフでは，接線はある点における傾きを決め，割線
はその点とその近傍の点を結ぶ直線の傾きを決めます

🔟🔟 微分法

　微分法は，微積分学の一つの中心となる重要な数学上の概念です．つまり，方程式を使って，ある関数のある点における傾きといった変化率を求める方法です．

　二つの変数間を最も簡単に結びつけるのは直線であり，それは傾きを m として $f(x) = mx + c$ と表されます．いま x 軸上に値 x_0 を定めたとき，任意の点 x における関数の傾きは，x および $f(x)$ の変化量の比で求められます．この二つの変化量はそれぞれ $x - x_0$ および $f(x) - f(x_0)$ と表されます．したがって，x_0 における傾きを求める問題は，x が x_0 に近づくときに $f(x) - f(x_0)$ が $m(x - x_0)$ に限りなく等しくなる値 m を求める問題になります．

　x が x_0 に近づくとき傾き m の極限が存在すれば，f は x_0 で微分可能であると言い，この極限を x_0 における f の微分係数と言います．もし f が微分可能であれば，m の値は x_0 と共に変化します．すなわち，新しい関数として f の導関数が得られたことになり，それは $\dfrac{df}{dx}$ または $f'(x)$ と表されます★．

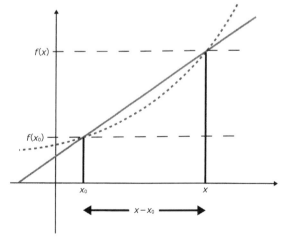

　f の x_0 における微分係数とは，x が x_0 に近づくときの割線（斜めの実線）の傾きの極限値です

⑩² 感度解析

　数学者のみならずいろいろな研究者は，感度解析によって，変化率を計算するだけでなくその有意性を評価することができるようになります．例えば，年金額の査定においては，現在の資産と将来の債務の間の釣り合いを考えなければなりません．たとえ資産と債務がある特定の金利で釣り合っていたとしても，金利が将来わずかに変化すると同時にその釣り合いは大きく変わるかもしれないからです．そのようないわば感度に左右される例には雇用者数，気候モデル，あるいは化学反応などがあります．

　数学的に言えば，関数の微分係数が大きくなれば，その変化率はより大きくなります．しかし，非常に大きな量に対する大きな変化は，非常に小さな量に対する小さな変化よりも重要でないかもしれません．そのため，適正に評価するためには，関数の値とその微分係数の両方が必要になります．この評価をする一つの方法が関数の持続期間（デュレーション）の利用ですが，これは現在値からの小さな変化による関数の値の相対的な変化を意味して，関数の弾力性と関係があります．この弾力性という用語は，関数の傾きが１次関数の傾きと比較してどのように変化するかを表します★.

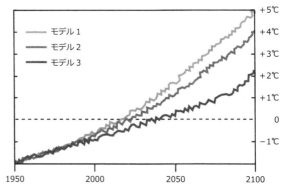

来たるべき世紀の地球温暖化予測についての三つのグラフ．それぞれのモデルでの挙動による感度の違いにより結果が大きく異なることを示しています

103 導関数の計算

関数 $f(x) = x^n$ の導関数は式

$$f'(x) = nx^{n-1}$$

で表されます．n は x に乗ぜられたベキを表し，x^2 の導関数は $2x$，x^5 の導関数は $5x^4$ となります．その他の例は図に示されています★．

もし関数 $f'(x)$ が微分可能であれば，微分を繰り返して f の2次導関数を見つけることができます．つまり，

$$f''(x) = n(n-1)x^{n-2}$$

となります．

この方法を続ければ，より高次の導関数を計算することができ，関数 $f(x)$ の n 次導関数は $f^{(n)}(x)$ と表されます．

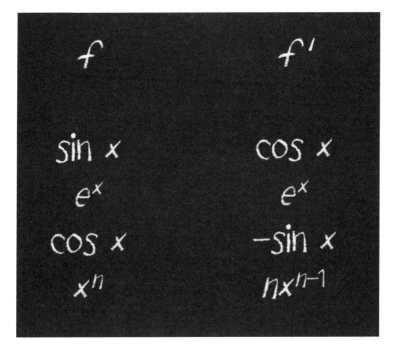

⑭ 関数の組合せ

新しい関数を，関数の組合せによって作る方法が主として二つあります．第1の方法は，二つの関数 $f(x)$ と $g(x)$ の値の積に従って，関数 $f(x)g(x)$ を作ります．例えば，関数 $x^2 \sin x$ は $f(x) = x^2$ と $g(x) = \sin x$ との積です．第2の方法は，二つの関数を合成するもので，関数を連続的に使って $f(g(x))$ を作ります．そのため合成関数と呼ばれることがあります．上の例では，$f(g(x))$ は $f(\sin x) = (\sin x)^2$ となります．これは逆順に関数を合成したものとは異なります．$g(f(x)) = \sin(x^2)$ となるからです．

積と合成で作られた関数の導関数は，図のように「積の法則」と「連鎖律」を用いて求められ，$u(x)$ と $v(x)$ 両方の導関数が存在するときに成り立ちます．「商の法則」は，商の関数 $u(x)/v(x)$ の導関数を作ります．これは積の法則と連鎖律を適用した結果となっています★．

積の法則

$$\frac{d}{dx} u(x)v(x) = u'(x)v(x) + u(x)v'(x)$$

e.g. $(x \sin x)' = \sin x + x \cos x$

連鎖律

$$\frac{d}{dx} u(v(x)) = v'(x)u'(v(x))$$

e.g. $\left(\sin\left(\tfrac{1}{3}x^3 - x\right)\right)' = (x^2 - 1)\cos\left(\tfrac{1}{3}x^3 - x\right)$

商の法則

$$\left(\frac{u(x)}{v(x)}\right)' = \frac{(u'(x)v(x) - u(x)v'(x))}{v(x)^2}.$$

⑩⑤ 積分法

　積分法とは，ある曲線より下の面積を求める方法であると言えます．ただし，曲線が横軸より下になる面積は負になります．二つの点 a と b の間の曲線を考えましょう．もしその曲線より下の面積を薄い切片に分割するとき，それぞれの切片の面積はその点における関数の値に切片の幅をかけたものにほぼ等しくなります．

　これらの切片の面積を総和すれば，曲線の下の面積の近似値が求められます．ここで切片の幅をより薄くして，それだけより多くの切片を総和すれば，その値はより正確になるでしょう．切片の幅がゼロに近づくときに，その値に極限値が存在するならば，$a < b$ として，下限 a と上限 b の間の関数の積分と言い，式

$$\int_a^b f(x)\,dx$$

で表します．

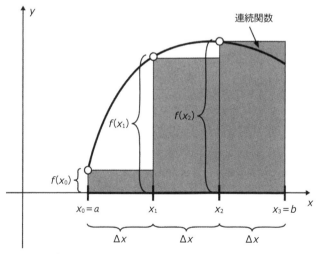

積分法は $f(x)$ のグラフの下の面積を求める方法です．つまり，a から b の区間を幅 Δx の切片に分割しそれらの面積を総和したあと Δx をゼロに近づけた極限値として面積が得られます★

⒃ 微積分学の基本定理

　微積分学の基本定理によれば，積分は微分の逆の操作をすることになります．つまり，関数 f の積分は，下限を未定にし，積分の上限を変数とする新しい関数 $F(x)$ であると考えることができます．いま，$F(x) = \int^x f(u)\,du$ を，簡単のため $F(x) = \int f(x)\,dx$ と表します．この $F(x)$ は不定積分と言われます．この式は，下限が未定なので，積分定数という定数を置いて定義されることになっています．

　$F(x)$ の変化量は，上限 x の変化量に対する，曲線の下の面積の変化量となります．定数の導関数はゼロなので，関数 $F(x)$ の導関数は積分定数には依存せず，元の関数 $f(x)$ に等しいことが分かります．したがって，$F'(x) = f(x)$ です．これが微積分学の基本定理です．これから $\int f'(x)\,dx = f(x) + C$ が導かれます．C は積分定数です．この式を用いて多くの積分の値が求められます（⒄参照）．

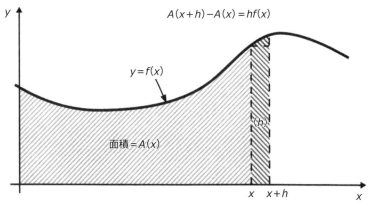

微積分学の基本定理の幾何学的な証明．斜線を施した幅 h の切片の面積は $hf(x)$ ですが，それは斜線部の面積の関数 $A(x)$ を用いれば $A(x+h) - A(x)$ となります．これらを等式にして，その式の両辺を h で割れば h をゼロに近づけた極限として $f(x) = A'(x)$ が得られます★

107 積分と三角関数

　初等関数の積分の中には三角関数に関係したものがあります．これは三角関数が数学で中心的な役割を果たしていることを示しています．そのため，三角関数は，もし直角三角形の辺の比（63参照）を通して幾何学に取り入れられなかったとしたら，ある簡単な関数の積分を通して定義する必要があったでしょう．一例は

$$\int \frac{1}{1+x^2}\, dx = \tan^{-1} x + C$$

です．他の例は図に示されています．ここで，$\tan^{-1}$ は正接関数 $\tan$ の逆関数であり，arctan と記すことがあります．同様に，$\sin^{-1}$ は逆正弦関数 arcsin と記されます．ここで，逆関数の $\tan^{-1}$ は逆数 $\dfrac{1}{\tan x}$ ではないことを注意しておきます．

　これらの式を導く標準的な方法は，関係式 $\int f'(x)\, dx = f(x) + C$ を使うことです．そうすれば，逆正接関数 $\tan^{-1} x$ の導関数は $\dfrac{1}{1+x^2}$ であることが簡単に分かります★．

f	f'	$\int f'(x)\, dx$
$\sin x$	$\cos x$	$\sin x + c$
e^x	e^x	$e^x + c$
$-\cos x$	$\sin x$	$-\cos x + c$
$\left(\dfrac{1}{n+1}\right) x^{n+1}$	$x^n \ (n \neq -1)$	$\left(\dfrac{1}{n+1}\right) x^{n+1} + c$
$\ln x$	$\dfrac{1}{x}$	$\ln x + c$
$\sin^{-1} x$	$\dfrac{1}{\sqrt{(1-x^2)}}$	$\sin^{-1} x + c$

🔢 テイラーの定理

　テイラーの定理によると，関数 $f(x)$ が無限回微分できれば，それはテイラー級数と言われるベキ級数により近似することができます．関数を点 x_0 のまわりで展開したテイラー級数は，$(x-x_0)$ の正の整数のベキからなる項の和です．

　特に $x_0 = 0$ の場合，テイラー級数は次の式になります．

$$f(x) = f(0) + f'(0)\,x + \frac{1}{2}f''(0)\,x^2 + \cdots + \frac{1}{n!}f^{(n)}(0)\,x^n + \cdots$$

ここで $f^{(n)}$ は関数の n 次導関数，! は階乗の記号です（㊾参照）．この特別の場合はマクローリン級数として知られています．

　もし $f(x)$ のテイラー級数が x_0 の近傍の領域において収束するならば（㊿参照），関数は x_0 において解析的であると言われます★．このような解析関数は複素解析において重要です（⑭⑧参照）．

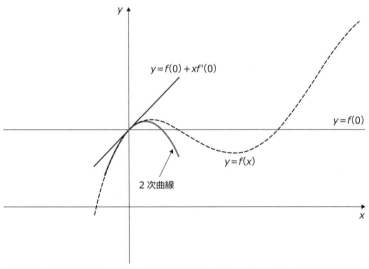

グラフは，関数 $f(x)$ を $x = 0$ のまわりで展開した0次，1次，2次の近似曲線を示しています．2次曲線（放物線）は x^2 の項までの最初の3項を使います

109 補間法

　補間法とは，複数の既知の点における関数値を使って適当な二点間にある点の関数値を推定する方法です．実用上は，データの間の関数関係を構築するために，データがどの点で用いられるかが重要になります．

　いま，昇順に並べられた $n+1$ 個の点 x_0, x_1, $\cdots$, x_n（ただし $x_0 <x_1 <\cdots <x_n$）において，関数 $f(x)$ の値が与えられているとします．その場合，x_0 と x_n の間の一般の点 x において，この関数にどんな値を与えるべきでしょうか．この問題は，国中に散在する地点の集まりにおけるデータを使って日々の天気予報をするときに起きています．その方法の一つは，データ点を通るように多項式（89参照）を合わせることです．データには $n+1$ 個の点があり，n 次多項式には $n+1$ 個の未定の係数があるので，既知のデータに適合させるにはちょうど適当切な数があります．

　18 世紀のフランスの数学者ジョセフ=ルイ・ラグランジュはこの補間形式を明示する公式を見つけました．それに伴う誤差は，テイラー級数の高次の項を無視した多項式の誤差に似た式で表されます．

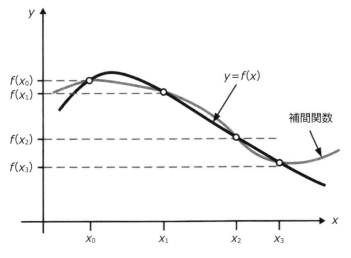

⑪⓪ 極大と極小

　関数の最大ないし最小を見つけることを最適化と言います．$f(c)$ が点 c 以外のすべての x の値に対して $f(x)$ より大きいかまたは等しいならば，関数 $f(x)$ の最大は点 c にあります．同様にして，$f(d)$ が，点 d 以外のすべての x の値に対して $f(x)$ より小さいかまたは等しいならば，関数 $f(x)$ の最小は点 d にあります．一方，極大ないし極小は，$f(x)$ が x の近傍の値とだけ比較された場合に現れます．

　これらの点において曲線の接線は水平なので，導関数はゼロになります．これは，極大または極小を決める簡単な方法です．導関数がゼロの点 c におけるテイラー級数は，1 次の項が消えるので，次の式となります．

$$f(x) = f(c) + \frac{1}{2}f''(c)(x-c)^2 + 高次の項$$

もし，$f''(c) \neq 0$ ならば曲線は点 c の近くで放物線となりますが，点 c は $f''(c)$ が負ならば極大，正ならば極小となります．もし $f''(c) = 0$ ならば，この点は変曲点になりえます．つまり，関数は正または負の向きに進むとき，点 c で凹凸が入れ替わります★．

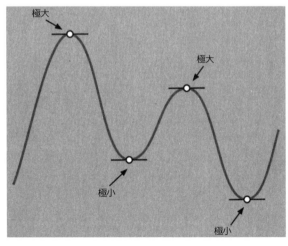

⑪ 微分方程式

　微分方程式は，関数とその導関数の間の関係を表す式，つまりある量とその変化の割合を結びつける式で，経済学，生物学，物理学，化学など多岐にわたるモデル計算に応用されています．

　例えば，放射性物質の崩壊レートは物質を構成する原子数に比例するので，変化を表す微分方程式は $\frac{dN}{dt} = -aN$ となります．ここで，N は原子数，t は時間です．a は比例定数で元素の半減期から求まります．解は $N(t) = N(0)\,e^{-at}$ となって，e^x の形になることから崩壊の速さは指数関数的だと言えます．

　通常の微分方程式は，この例における時間 t のように1個だけ独立変数を含みます．実用においては上記のように厳密解が求まることはまれで，近似計算や数値シミュレーションが行われることになります．

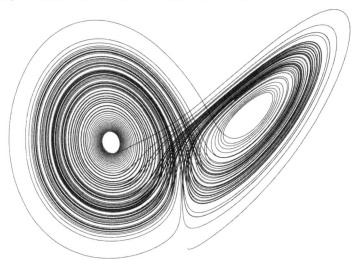

この曲線は天候モデルにおける微分方程式であるローレンツ方程式の解を示しています．曲線は無限に重なることなく続き，さらにフラクタル構造をもっていて，カオスの存在を示唆しています

⑪② フーリエ級数

フーリエ級数とは，ある関数を正弦関数（$\sin\theta$）と余弦関数（$\cos\theta$）の無限和で表した形の数式です．正弦関数と余弦関数は同じグラフのパターンが周期的に繰り返される関数で，これに対応してフーリエ級数も繰り返しパターンをもつ周期関数になっています．

$[0, 2\pi]$ や $[-\pi, \pi]$ のように，2π の幅をもつ区間で定義された関数 $f(x)$ に対して，

$$a_n = \frac{1}{\pi} \int_0^{2\pi} f(x) \cos nx \, dx \qquad b_n = \frac{1}{\pi} \int_0^{2\pi} f(x) \sin nx \, dx$$

とおくと，$f(x)$ は

$$f(x) = \frac{a_0}{2} + \sum_{n=1}^{\infty} (a_n \cos nx + b_n \sin nx)$$

のように展開できます．

もとの関数 $f(x)$ が周期的でない場合，フーリエ級数はある区間での $f(x)$ を表していて，その区間外の x での $f(x)$ とは無関係です．

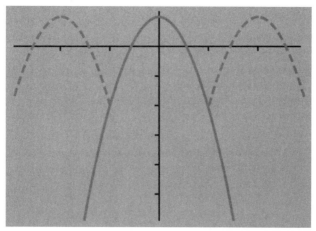

区間 $[-\pi, \pi]$ における 2 次関数 $f(x)$ のフーリエ級数が示す周期パターン．

横軸と縦軸の目盛りをそれぞれ π と 1 とすると，$f(x) = 1 - \left(\dfrac{\sqrt{3}x}{\pi}\right)^2$ です

⑪³ 多変数関数

　多変数関数は 2 個以上の変数をもつ関数です．例えば，$f(x, y) = x^2 + y^2$ は 2 個の変数 x と y の関数で，関数の値は x と y の値の 2 乗の和になります．

　この場合の変数 x と y を平面上の直交座標 (x, y) だと考えると，この関数は，3 次元以上のモデルに応用することができます．2 変数関数を $f: R^2 \to R$ と表すとき，定義域が R^2 つまり平面全体で，像が R つまり実数全体であることを示します．1 変数関数が平面上の曲線のグラフで表されるように，2 変数関数は 3 次元空間内の曲面で表されます．

　さらに n 変数関数 $f: R^n \to R$ に拡張すると，$f(x_1, \cdots, x_n) = x_1^2 + \cdots + x_n^2$ のような式になります．

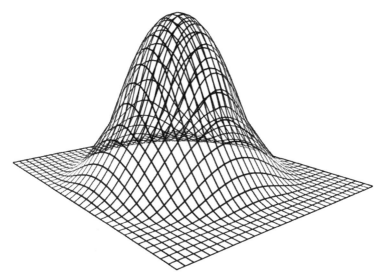

　2 変数関数のグラフは通常 3 次元空間での曲面を表します．この図の底面は 2 変数 x と y による xy 平面であり，それに垂直な上下方向の軸はもう 1 個の変数の軸，例えば z 軸を表し，関数 $z = f(x, y)$ の値が曲面上の点がもつ xy 平面からの高さに対応しています

⑭ 偏微分

　偏微分とは，1変数関数の微分を多変数関数に一般化したものです．1変数の場合と同じで，ある点での関数の変化の割合を表しています．多変数の場合，変化する方向のとり方はひと通りではありません．そこで，方向のとり方として，(x, y) 平面において y を固定して x を変化させるとすれば，そのときの変化の割合は x に関する偏微分 $\dfrac{\partial f}{\partial x}$ と書かれます．これは単に y を定数と考えて通常の微分と同様に x について微分するものです．同様に x を固定して y に関して微分すれば，y に関する偏微分 $\dfrac{\partial f}{\partial y}$ になります．

　これらふた通りの偏微分は，それぞれのふた通りの方向についての微小な座標変化の効果を表します．(x, y) 平面での任意の方向への微小な座標変化の効果については，x と y による偏微分の重み付きの和で表されます．あるいは，平面ベクトルについての勾配ベクトルと呼ばれる grad(f) または ∇f と表される微分を用います*（⑫㉓参照）．

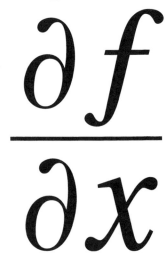

⑮ 線積分

　2変数関数をある曲線に沿って積分するということは，2変数のうち一つの変数について積分することと本質的には同じことです．2変数の関数 $z = f(x, y)$ は3次元における曲面を表します．xy 平面つまり平面 $z = 0$ におけるある曲線を考え，その曲線全体を z 軸方向に上下させると曲面 $z = f(x, y)$ との間にカーテン状の部分ができます．曲線に沿った積分というのは，そのカーテンの符号付きの面積を求めることで，この積分を線積分と言います．

　実際の線積分の計算については，例えば y を固定すると $f(x, y)$ は変数 x の1変数の関数とみなせますから，この場合，$f(x, y)$ の x についての通常の積分ができます．逆に，x を固定すると y について積分できます．幾何学的には，これらは xy 平面における直線に沿っての積分になります．これを一般化すれば曲線に沿っての線積分が可能になり，その方法は確立されています．

　線積分の考え方は，例えば力学における仕事量の計算などに見られるように，他にも多くの分野で用いられています．

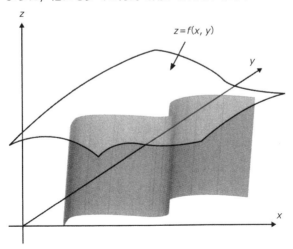

$z = f(x, y)$

⑯ 面積分

⑯の線積分は，xy平面上の曲線と，曲面を表す関数 $z = f(x, y)$ の間のカーテン状の曲面の面積を求めることに対応するものでした．それに対して，次元を上げて，面上での積分つまり面積分を考えると体積を求める計算となります．例えば図のような xy平面での領域 A と関数 $z = f(x, y)$ で表される曲面に挟まれた部分の体積を求めることを考えます．つまり xy平面上の領域を小さい部分に分割して，その部分と関数面の間の（近似的に）高さが一定である柱体が集まったものと考え，その柱体の体積つまり小面積と関数値の高さの積をすべて加えます．そうすると小面積を無限に小さくする極限において，柱体のすべての体積の和は，xy平面の領域 A と曲面 $z = f(x, y)$ に挟まれた部分の立体の体積に漸近的に一致します．

これが領域 A における関数 f の面積分で，

$$\iint_A f(x, y)\, dxdy$$

と表されます．dx と dy の積は微小な長方形の面積に対応し，x と y についての積分を表すので２重積分とよばれます．３変数以上に次元が上がると，それに対応する一般的な重積分を定義することができます．

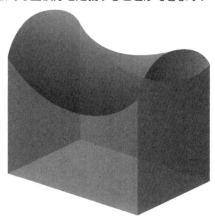

xy平面上の領域 A が長方形のとき，上面を表す関数 $z = f(x, y)$ を２重積分すると，図の立体の体積が求まります

116

⑰ グリーンの定理

　グリーンの定理は平面上の閉曲線 γ で囲まれた閉領域 A での面積分と，γ における線積分の関係を示すもので，

$$\iint_A \left(\frac{\partial f}{\partial x} - \frac{\partial f}{\partial y} \right) dxdy = \int_\gamma \boldsymbol{f} \cdot d\boldsymbol{s}$$

と書けます．ds は境界線 γ に沿った微小な長さです★．

　この式から，さらに一般的な積分と偏微分の間の関係式に拡張できることが予想できます．例えば，ベクトル関数（㉓参照）の関係式である発散定理やストークスの定理などのベクトル解析への応用がその代表例です．微分積分学の基本定理を用いれば，そのような拡張が自然に行われます．ここでは面積分（2次元）と線積分（1次元）の間の関係式を見ましたが，さらには n 次元面での積分と $(n-1)$ 次元面での積分の関係にも一般化できます．

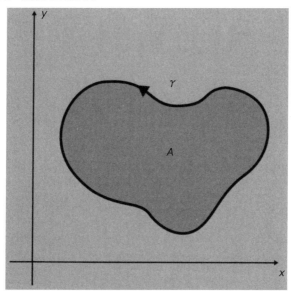

領域 A とその境界線 γ

⑱ ベクトル入門

　ベクトルは，数学的あるいは物理的な量を示すために使われ，絶対値で表される長さ，ならびに方向をもちます．ふつうは矢印の形で表され，その矢印の線の方向によって向きが決定され，長さによってベクトルの大きさが決まります．ちょうど天気図で，風速と風向きによって決まる風が矢印で記載されるようなものです．図に3次元の場合を示しました．

　ベクトルを結合する方法や，その結合の直観的な意味が分かるようになると，ベクトルなしでは極めて複雑に思えるような幾何学的な計算が，機械的な操作で済ませられるようになります．しかも幾何学的な問題に取り組むにあたり，これまでとは別の手法をいくつも提供してくれます．また，これまでと同じ数学的な問題にアプローチするときでも，異なる方法が取れるようになるので，新しい見識にたどり着くことができます．

　こうしたベクトルの代数的な構造にならって作られた数学の体系はいくつもあり，それらは非常に便利です．例えばベクトルを集めたベクトル空間が考えられて，数学の多くの分野に応用されているうえ，科学や工学においても広い範囲にわたって利用されています．

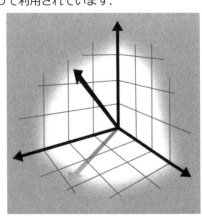

119 ベクトルの和と差

　二つのベクトルを加えるには，単純に一つの矢印の先にもう一つの矢印の根元を置き，始点から終点に新しい矢印を書きます．この新しい矢印を表すベクトルは，合成ベクトルと呼ばれます．

　ベクトルは，（x, y）のようにデカルト座標によっても記述することができます．その場合，（x, y）は任意の始点から出発したときの終点の位置を示します．宝捜しの地図でよく見られるように，始点から x 軸の方向に x だけ進み，y 軸の方向に y だけ進むとすれば，目指す宝にたどり着くことができるわけです．二つのベクトル（1, 0）と（0, 1）の和は，図のように座標の成分を別々に足し合わせればよく，結果は（1, 1）となります．引き算も同じように行うことができます．つまりベクトル（3, 2）からベクトル（1, 1）を引いた合成ベクトルは（2, 1）です．

　ベクトルのそれぞれの座標軸方向の成分は，直角三角形の直角を挟む２辺のそれぞれを表していますから，その大きさはピタゴラスの定理（62参照）を用いて求めることができます．ベクトル（1, 1）の大きさは，直角三角形の直角を挟む２辺の長さがどちらも１の場合の斜辺の長さに等しく，これは $\sqrt{1^2 + 1^2} = \sqrt{2}$ となります．

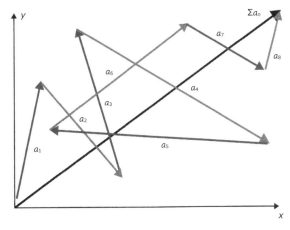

連続した複数のベクトルが与えられた場合，どのような経路をたどっても，それらすべてのベクトルの和は，単純に一つの方向と大きさをもつベクトルとなります．和の記号はギリシャ文字のシグマ（Σ）で表されます

⑳ スカラー積

　スカラー積（内積）は二つのベクトル間の演算の一つです．結果はスカラー，すなわち方向をもたない一つの数となります．スカラー積は $a \cdot b$ と記され，図のように，それぞれのベクトルの長さを掛けたうえ，さらに二つのベクトルの間の角度 θ の余弦（$\cos\theta$）を掛けたものとなります．ベクトルを成分の形式で記載した場合，スカラー積はそれぞれの対応する成分を掛けたものの合計です．例えば，$(2, 1)$ と $(1, 3)$ のスカラー積は，$(2 \times 1) + (1 \times 3) = 5$ となります．このとき，図の解説に示す計算により $\cos\theta = 1/\sqrt{2}$ となることから，θ は 45° となります．

　二つのベクトルが直角を成すとき，その二つの間の角（90°）の余弦は 0 となります．したがって，二つの直角を成すベクトルのスカラー積は 0 です．片方のベクトルが単位ベクトルである場合，すなわち絶対値が 1 である場合，スカラー積は，もう一つのベクトルの，その単位ベクトル方向の成分そのものになります．例えば，ベクトル $(2, 3)$ と $(0, 1)$ のスカラー積は 3 です．

　この概念は物理学においても重要です．例えば，磁束という量は，磁場を表すベクトルと磁場が貫く面の面積ベクトルのスカラー積として与えられます．面積ベクトルでは，面の法線つまり垂線がベクトルの方向で，面積がベクトルの大きさになっています．磁束の計算は発散定理（⑫ 参照）と関係が深く，ここから磁束保存の式が導かれます．

$|a|\cos\theta$ は，ベクトル a をベクトル b の方向に射影した長さです．そのため，スカラー積 $|a||b|\cos\theta$ とは，b の絶対値と，a を b の方向に射影した長さとを掛けたものになります．逆もまたしかりで，a の絶対値と，b を a の方向に射影した長さとを掛けたものとも言えます

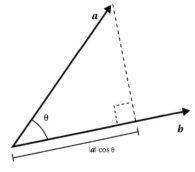

⑫ ベクトル積

　ベクトル積（または外積あるいはクロス積）は，$a \times b$ のように記載されます．これは二つのベクトルを3次元空間内で掛け合わせる方法の一つであり，結果はベクトルで，もとの二つのベクトルの両方に垂直となります．物理学においては，トルク（力の回転モーメント）を計算するのに使われます．二つのベクトルのベクトル積の大きさ（絶対値）は，もとの二つのベクトルの長さの積に両者の間の角 θ の正弦（$\sin\theta$）を掛けたものになります．これはまた，隣り合う辺がもとの二つのベクトルとなっている平行四辺形の面積に一致します．

　結果のベクトルの方向は，慣習的には，図のような右手の法則で決めることができます．その場合，右手の人差し指をベクトル a の方向，中指をベクトル b の方向とすると，ベクトル積は親指の方向となります．右手の法則を，$a \times b$ と $b \times a$ にそれぞれ使うと，親指の方向が逆向きになることに気づくことでしょう．すなわち，ベクトルをかける順番によって，$a \times b = -(b \times a)$ のように結果が逆になります．通常の数の掛け算の場合と異なり，ベクトル積の計算においては，交換法則が成り立ちません．

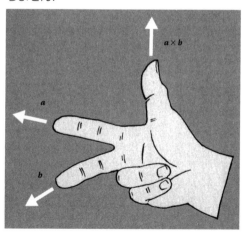

⑫ ベクトル幾何学

　ベクトル幾何学とは，図形的な問題を，ベクトルによって解く数学です．幾何学の多くのアイデアは，ベクトルの形式で書くことで非常に簡単になります．それは3次元やそれ以上の次元の問題の場合は特に顕著です．例えば，3次元空間内の点をベクトル $r =$ (x, y, z) で表すとします．このように点の位置を示すベクトルのことを位置ベクトルと呼びますが，位置ベクトル r_0 を通る2次元平面は，$a \cdot (r - r_0) = 0$ を満たすベクトル r の集合である，というように記述することができます．ここで，a は，図のように，その平面に直交するベクトル（法線ベクトル）です．

　3枚の平面をこの形式を使った等式として表した場合，それらの重なり方はこれら三つの等式から成る連立方程式（⑧参照）によって決まります．この方法による利点は，この連立方程式が，ただ一つの解をもつときは3平面が1点で交わる場合であり，無限個の解をもつときは少なくとも2枚が同じ平面である場合などであり，解が存在しないときは3枚の平面のうち少なくとも2枚が平行かつ同じ平面ではない場合などである，といったように，解の存在が，図形的な状態を用いて明確にできることです．

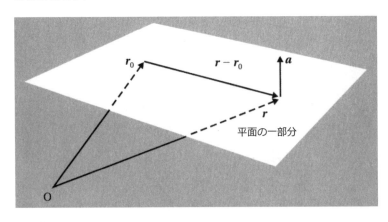

平面の一部分

⑫⑬ ベクトル関数

　ベクトルの成分が1変数または多変数の関数になっている場合，その
ベクトルはベクトル関数と呼ばれます．その場合の関係を学ぶために，
成分になっている関数は実関数のように微分可能であったり積分可能で
あったりする，としましょう．

　微分自体は，ベクトルに対する演算として記載できます．例えば，
$f(x, y)$ が平面上の実数の関数であるとすると，f の勾配はベクトル関
数の形式で $\left(\dfrac{\partial f}{\partial x}, \dfrac{\partial f}{\partial y}\right)$ と書くことができ，∇f とも書きます．このベク
トルの方向は，関数 f の増加が最大になる方向です．また，このベクト
ルの絶対値は，その増加の割合になります．

　演算子 ∇ は「ナブラ（nabra）」[1]と呼ばれ，多くの美しい性質をもっ
ています．そのうち，積分に関する二つを図に示します．一例として
は，曲面の境界から流れ出る流量は，その表面におけるベクトル関数の
発散[2]に等しくなります．このことは，空気がタイヤに入っていくと
きに起こる現象を説明できます．タイヤから出てくる空気の流量が負の
数である場合，タイヤに含まれている空気の膨らむ具合もまた負である
（すなわち，空気が圧縮されている）ということになります．

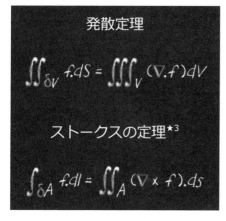

発散定理

$$\iint_{\delta V} f.dS = \iiint_V (\nabla . f) dV$$

ストークスの定理[3]

$$\int_{\delta A} f.dl = \iint_A (\nabla \times f).ds$$

「.」はスカラー積を表し，δV は
3次元領域 V の境界表面を表し，
δA は2次元領域 A の境界線であ
る閉曲線を表します

⑫⁴ 次元と線形独立

　物体や空間における次元とは，その広がり方を示す指標です．ふつうのユークリッド空間においては，その空間内における点の位置を特定するのに必要な座標要素の数を言います．例を挙げると，直線は1次元であり，内部を含む円板は2次元であり，中身を含む球体は3次元です．直観的には，二つの方向がある空間は上下・左右，三つの方向がある空間は上下・左右・前後，といった感じで探索可能なことが理解できるでしょう．このことは数学的には，「独立」という考え方を使って説明されます．

　例えば，ベクトルがいくつかあったとして，そのうちどのベクトルも，自分以外のベクトルのスカラー倍の和として表すことができないとき，それらは線形独立である，と言います．さらに，n個の線形独立なベクトルの組は，n次元空間の基底ベクトル（あるいは単に基底）である，と言われます．そのn次元空間内にあるすべてのベクトルは，図のように，それらの基底ベクトルのスカラー倍の和（線形結合）で書き表すことができます．つまり，ベクトルaは基底ベクトルi, j, kの線形結合として，$a = a_x i + a_y j + a_z k$の形に書くことができます．

　3次元空間における正規（大きさが1）な基底をデカルト座標で表すと，$(1, 0, 0)$, $(0, 1, 0)$, $(0, 0, 1)$となります．これらのさらなる特徴としては，すべて互いに直交していることが挙げられます．しかし，基底ベクトルの条件としては直交している必要はありません．三つの線形独立なベクトルであれば，3次元空間における基底ベクトルとして用いることができます

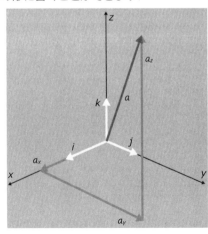

⑫ 線形変換

　線形変換とは，一つのベクトルを異なるベクトルに変換する幾何学的な操作であり，線形結合のルールを満たすものを言います．例えば，ある変換をベクトルの和に適用したとき，その結果は，足し合わせる前のベクトルそれぞれに同じ変換を適用してから足し合わせたものと一致しなければなりません．より一般的に言えば，a と b をスカラー，u と v をベクトルとしたとき，L が線形変換であるためには，$L(au + bv) = a(Lu) + b(Lv)$ でなければなりません．この式を使えば，基底ベクトルの一つひとつに線形変換を行ったときの結果が分かっていれば，その基底が定義する空間のどのベクトルについても線形変換を行った結果を計算できることになります．

　線形変換は幾何学的な意味をもち，拡大，縮小，回転，せん断といった操作が含まれます．すなわち，線形変換の記述様式は，シンプルな幾何学的操作を記述する方法として用いることができます．それらはまた微積分の分野にもふつうに現れます．実際，導関数（⑩参照）は関数における線形変換に違いありません．線形変換を学ぶことで，幾何学と微積分学の知見を一つに統合することができることでしょう．

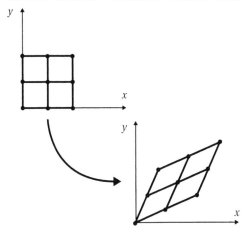

線形変換の数式などは，幾何学的な操作（例えば図のせん断と呼ばれる操作）を書き記すのに使うことができます

⑫ 行列入門

　行列とは，固定値の数を行と列に並べた数の組であり，カッコを用いて $\begin{pmatrix} 1 & 3 \\ 0 & 2 \end{pmatrix}$ や $\begin{pmatrix} a & b & a \\ c & a & c \end{pmatrix}$ のように書かれます.

　行列はさまざまな計算手段として使われますが，特に線形変換の影響を計算するのに便利です. 例えば座標 (x, y) についていえば，一般的な線形変換（あるいは射影）を適用すると，「行列を掛ける」と言う演算を通じて，図のように新しい点 $(ax+by, cx+dy)$ に移り，Mr と書くことができます. ここで，r は位置ベクトル (x, y) ですが，これに左から行列を掛けるときには，要素を縦に並べた「縦ベクトル」にして用います. Mは線形変換を表す行列 $\begin{pmatrix} a & b \\ c & d \end{pmatrix}$ です. この 2×2 行列の定義は，より高次元での $n \times n$ 行列に容易に拡張することができ，その次元での計算をするために用いられます. なお，行数と列数が等しい行列のことを正方行列と言います.

単位行列 I とは，行列の要素のうち対角成分（左上から右下にかけての対角線上の成分）が 1 で，それ以外が 0 である行列のことです. どのようなベクトル r に対しても，Ir の計算結果は r と等しくなります

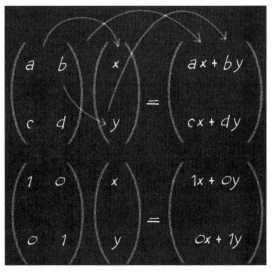

⑫ 行列方程式の解法

　行列方程式とは，行列を使った方程式のことですが，その中でも特に線形の連立方程式を行列で表現したもの，すなわちMを行列，r，bをベクトルとして $Mr = b$ と記載した方程式を指すことがあります．この表現は，線形変換を含むさまざまな分野で広く用いられています．

　Mr が，ある未知のベクトル r に対する線形変換の結果を表しているとします．この線形変換の結果が b というベクトルになるとき，r は $Mr = b$ という行列形式の線形連立方程式を解いて求めることになります．これを解くためにはMの逆行列を使えばよいのですが，逆行列は存在しない場合もあります．もし逆行列が存在すれば，それで r を求めることができます．

　逆行列 M^{-1} とは，もとの行列Mを掛けたときの結果が単位行列 I となる行列のことで，$M^{-1}M = MM^{-1} = I$ となります．この M^{-1} を使うと $Mr = b$ は $M^{-1}Mr = M^{-1}b$ となり，$Ir = M^{-1}b$ となります．つまり r は $M^{-1}b$ と等しいことになります．2×2 正方行列の逆行列は，図のように求めることができます．式 $ad - bc$ は行列式と呼ばれます．3×3 以上の正方行列の逆行列はもっと複雑になりますが，それを計算する方法もよく知られています．

　行列形式の線形方程式 $Mr = b$ を成分で表すと，これはまさにいくつかの線形な式を連立させた方程式であることが分かります．このように考えると，3平面の交点を求める問題（⑭参照）は，線形の3式から成る連立方程式を解く問題（⑫参照）と同等であり，さらにそれの行列形式を解く問題と同等であると考えることができます．

2×2 正方行列 $M = \begin{pmatrix} a & b \\ c & d \end{pmatrix}$ においては，$ad - bc \neq 0$ の場合に限り逆行列 M^{-1} が存在して $M^{-1} = \dfrac{1}{ad - bc} \begin{pmatrix} d & -b \\ -c & a \end{pmatrix}$ となります．

128 ゼロ空間

　ゼロ空間とは，行列のカーネル（核）としても知られますが，その行列による線形変換を施すと0ベクトルになるようなベクトルを集めた集合のことです．つまりある行列Mについて，Mrを，行列Mでベクトルrを線形変換した結果であるとすると，Mについてのゼロ空間$N(M)$は$Mr = 0$となるようなベクトルrを集めた集合ということになります★．このゼロ空間の次元のことを，退化次数と言います．

　変換されたベクトルが含まれる空間の大きさ（次元）を知るために，行列の像空間というものを考え，$\mathrm{Im}(M)$と表します．これは，任意のベクトルrをMで変換した結果$Mr = b$であるベクトルbを集めた集合です．このとき，Mの階数（ランク）はMによる像空間$\mathrm{Im}(M)$の次元と等しくなります．さらに，あるbについて$Mr = b$となるような解rを一つ見つけることができれば，$N(M)$の次元と等しい大きさの「解空間」が存在することになります．なぜなら，$N(M)$に含まれるいかなるベクトルを既知の解rに加えても，結果は同じくbとなるからです．つまり，もしbがMの像の中に含まれるならば，解は存在し，解の重複度（ここでは解空間の次元）は$N(M)$の次元と等しい，と言うことができます．

　線形変換の結果は，基底ベクトルの組の変換から導くことができ（125 参照），$\mathrm{Im}(M)$内の点の集合の大きさ（次元）は基底ベクトルを変換した空間内の線形独立なベクトルの数に等しくなります．

　この数をkとし，n次元空間で操作を行うと，$n-k$個の線形独立なベクトルが0ベクトルに変換されます．言い換えると，変換行列の像の次元（＝その行列の階数）とそのゼロ空間の次元（＝その行列の退化次数）を足したものは，空間全体の次元（n）に等しいのです．

　線形微分方程式などの多くの問題はこの定理で表現することができ，この結果による，実に正確な解の空間の記述は，数学の複数の分野にわたって使われています．

行列Mのゼロ空間 $N(M) = \{r; Mr = 0\}$

---

⑫⑨ 固有値と固有ベクトル

　固有値（eigenvalue）と固有ベクトル（eigenvector）は，ある行列に対するスカラーとベクトルの組で，複数の組があります．この名前はドイツ語の "eigen" から名づけられたもので，「それ固有の」とか「特有の」とか言った意味があります．正方行列 M において，固有値 λ とそれに対応する固有ベクトル r があるとき，図のように $Mr = \lambda r$ が成り立つということです．物理的には「固有ベクトルはその行列 M の働きによって方向を変えず，固有値 λ はその変わらない方向において距離がどれだけ変わるかを示しており，λ が負のときはベクトルが逆向きになることを示している」と言うことになります．

　固有値 λ は，等式 $Mr = \lambda r$ を解くことで，簡単に求まります．等式を $(M - \lambda I)r = 0$ と変形すると，その解は $(M - \lambda I)$ が自明でないゼロ空間をもつときにのみ存在することが分かります．これは，$(M - \lambda I)$ の行列式が 0 とならなければならないことを示しています．$n \times n$ 正方行列の行列式は，λ の n 次の多項式（⑧⑨参照）となります．固有値に関する問題は，線形変換に関する情報を非常に多く与えてくれるので，よく使われています．

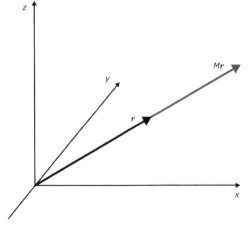

ベクトル r は，r と Mr が同じ向きのとき（あるいは正反対の向きのとき），その行列 M の固有ベクトルの一つとなります

⑬ 抽象代数学入門

　抽象代数学は，集合の中の要素（元）どうしの間で演算を行うときの構造を研究する数学です．このとき，演算のルールは一つではなく複数あります．通常の数に関する演算では加法や乗法がよく使われますが，抽象代数学で使われる演算のルールも，その演算とさまざまな面で似ています．ただし抽象構造としては，群，体，環，ベクトル空間などが含まれます．

　例えばベクトル空間は抽象構造であり，ベクトルの集合とそれに関する演算のルールが与えられます．この場合のルールは，構造内の要素どうしがどのように組み合わせられるかを取り決めるもので，その内容は短いリストにまとめることができます．ベクトル空間においては，このルールはベクトル和（⑲参照）とスカラー積（⑫参照）として記述されます．

　このように具体的な空間から離れて抽象度の高い概念に移ることは，数学者の思考が発展する道筋のもつ特徴だといえます．抽象化と制限にも関わらず，これらの構造が，分子構造やトポロジー（位相幾何学）の分野と，広範囲に及んで密接な関係をもっているというのは，驚くべきことです．

群論は，結晶構造を理解するのに重要な役割を果たします．空間群という概念が，結晶格子の中にある原子のふるまいとそれが取りうる配列をモデル化するのに使われるのです

131 群

　群とは，2個の数の間の乗法や加法といった2項演算が定義できる要素の集合ですが，一般的に定義されているわけではありません.

　なんらかの集合 G において，演算・と三つの要素 a, b, c が以下の四つの基本的な性質（公理）を満たすときこの集合を「群」と呼びます.

1. 閉じていること：a と b が G に含まれるならば，$a \cdot b$ も G に含まれる.
2. 結合法則：$a \cdot (b \cdot c) = (a \cdot b) \cdot c$
3. 単位元：G 内のすべての要素 a に対し，$e \cdot a = a \cdot e = a$ となる要素 e が G 内に存在する. これを単位元という.
4. 逆元：G 内の任意の要素 a それぞれに対し，$a \cdot a^{-1} = a^{-1} \cdot a = e$ となる要素 a^{-1} が G 内に存在する. これを，要素 a に対する逆元という.

　例えば，整数の集合とその加法は群を作ります. その場合，単位元 e は0です. 0は他の要素に足してもそれが変化しない唯一の要素だからです. 群はまた，正多面体や結晶構造や，図に示す雪の結晶などに見られる物理的な性質を表現するのにも用いられます.

⚀ 群と対称性

　ある変換で物体を動かしたとき，結果が最初の状態と見分けがつかないようにするいろいろな方法全体は群になります．それにはある変換の後にまた別の変換を行うといった「合成」の操作も含まれ，この合成は全ての演算に適用することができます．

　正三角形を考えて反時計回りに 120 度回転させると，元通りの形になります．また，一つの頂点と正三角形の中心を通る軸に対して反転しても，元通りの形になります．この回転を a，反転を b とすると，この二つの操作の合成は，積を使って表すことができます．

　例えば a^2b というのは正三角形を 120 度ずつ 2 回回転させて，その後直線に沿って反転させる，ということを意味します．実際のところ，正三角形の異なる変換を生み出すための a と b の組み合わせ方には e, a, a^2, b, ab, a^2b の 6 種類があります．ただし e は単位元であり，何もしないということを意味します．これら以外の組合せは，これらのうちどれかと同じになります．例えば，a^3 や b^2 は，何もしないのと同じ，すなわち e と同じになります．

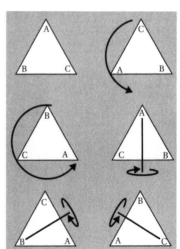

正三角形の対称性を示す群に含まれる六つの要素．上段の左と右は e, a, 中段の左と右は a^2, b, 下段の左と右は ab, a^2b

🔢 部分群と商群

部分群とは，ある群の部分集合であり，群の公理（🔢参照）を満たすものを言います．単位元だけの集合 $\{e\}$ は，どんな群に対しても部分群となり，単位群あるいは「自明な群」と呼ばれます．

正三角形の群（🔢参照）は $\{e, a, a^2, b, ab, a^2b\}$ と表すことができ，回転に関する群 $\{e, a, a^2\}$ と鏡映変換に関する群 $\{e, b\}$ を部分群にもちます．この二つはどちらも巡回群（すべての要素が一つの要素の組合せでできる群）の列となっています．

H が G の部分群であり，G 内から要素 g を任意に選んだとき，H 内の全ての要素 h に対して ghg^{-1} が H の要素となる場合★，H は G の正規部分群である，と言われます．商群（剰余群，因子群とも呼ばれます）は，ある群の要素と，その群の正規部分群の一つから作られます．H が G の正規部分群であるとして，G から二つの要素 a，b を任意に選び，aH，bH という二つの集合を作ります．ここで，H からあらゆる要素 h を選んで xh と表される点すべての集合を xH とすると，$aH = bH$ となるか，aH と bH は共通の要素を一つももたないか，のどちらかになります．このことは，aH や bH といった，G から任意の要素 x を選んだときの集合 xH たちを要素とする，新しい集合を作ることができることを意味します．そして，演算規則 $(aH)(bH) = abH$ を用いることで，「集合 xH たちを要素としてもつ新しい集合」は，新しい群となります．これを商群と呼び，G/H と表します．

商群とそれを決める正規部分群は，群 G をより小さい群に分解する効果をもつので，もとの群 G についての理解を深めるのに役立ちます．これらの小さい群は，もとの群を構築する部品として，数における素因数分解と同じような役目を果たします．

---

g，a，b を G の要素とすると，

正規部分群：$gHg^{-1} = H$

商群の演算規則：$(aH)(bH) = abH$

---

⑬ 単純群

　単純群とは，「自明でない商群」をもたない群のことを言います．その群の正規部分群は，単位元だけの群とその群自身の二つだけです★．このことは，ほぼ正確に素数の働きと似ています．素数は1とそれ自身以外の約数をもちません．

　素数と同じように，単純群は無限に多く存在します．しかし，素数と違うのは，単純群はきちんと分類できる，ということです．すべての有限な単純群の分類は，2004年に成されましたが，これはこの50年間における数学で最も偉大な業績の一つです．

　単純群には，位数（有限群の場合はその要素数）が素数である巡回群，および交代群の族が含まれ，それらは有限集合の分野でよく現れます．単純群にはその他に，後の章で触れるリー型の群と呼ばれる16種類の族と，他とは孤立した例外的な群で散在型群と呼ばれるものが26種類あります．散在型群のうち20種類は，例外の中で最大のモンスター群（⑬参照）に関係しています．残る6種類の群はもっと孤立しています．

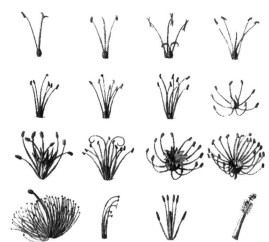

スウェーデンの植物学者カロラス・リンナエウスは，植物を分類するのに，おしべやめしべの形を数学の群の分類に対応させました

135 モンスター群

　モンスター群は，最も大きな散在型単純群であり，有限群の分類において重要な群です．その正規部分群は，自明な群と，モンスター群自身だけです．

　1970 年代になって初めて推測されたこのモンスターは，1981 年になってロバート・グリースによりついに捕まえられました．そして1982 年の論文で「フレンドリーなモンスター」の題名で発表されました．それは図に示す数（おおよそ 8×10^{53}）もの要素をもちます．すべての群は行列による表現をもちますが，モンスター群は 196,883 × 196,833 の複素行列による表現をもちます．

　これだけの群ともなると，その大きさと複雑さから，これですべての可能な散在型群が数え尽くされたのか，という検証には膨大な時間がかかります．最初の散在型群は 19 世紀の終わりに発見されていたにもかかわらず，すべての散在型群の記述が完了した，とされたのは 21 世紀の初めになってからでした．

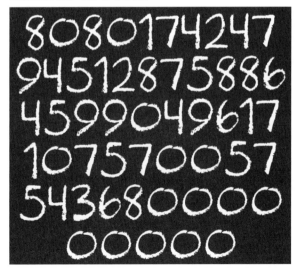

80801742479451287588645990496171075700575436800000000000

⑬⑥ リー群

　リー群とは，群の中の重要な族です．その要素は連続的な値を取り，モンスター群や多角形の対称性を表す群に見られるような離散的な値を取る構造とは異なります．例として，円の対称性を考えると，中心まわりの回転は，いかなる角度であっても，もとの円に重なることが分かります．それで，円の対称性を表す群というものを定義するならば，それは正三角形のような形についての群と同じように分類するわけにはいきません．正三角形の対称性を表す群は，六つの離散的な要素をもちます（⑬② 参照）．それに対して円の対称性を表す群は，リー群の一つであり，連続的なパラメータをもつ群です．

　連続的な群（連続群）が，離散的な群よりも複雑なのは当然ですが，リー群はそれらの中では最も理解しやすいものです．連続群は，パラメータの性質によってのみ記述されますが，単に構造が連続的である，ということ以上の性質を引き継いでいます．つまり位相空間（⑯⑤ 参照）の特徴的な型である滑らかで微分可能な多様体だと見なすことができます．

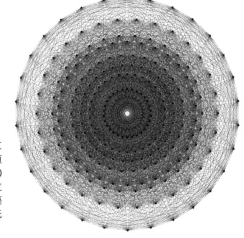

E8 リー群を理解する糸口になる 248 次元の超立体の直投影．240 個の頂点と 6720 本の稜線をもつ 8 次元の超立体と，そのうち 240 本の座標軸で決められる 240 次元の超立体に分解できます

⒀ 環

　環とは，抽象代数学の一つの構造であり，その集合内のすべての要素に対して二つの二項演算を定義できるものを言います．それに対して群は，集合内の要素に対して「一つ」の二項演算を定義できるものです．環の理論では，二つの演算は通常，加法（＋）と乗法（×）とされます．群の場合と同様に，環の場合も，これらの演算は集合内の二つの要素に対して適用され，演算の結果も集合内の要素になります．

　群の中での演算は可換（⑨参照）とは限りませんが，環の中での演算のうち乗法も可換であるとは限りません．それでも環の中での加法は可換である必要があります．加法には単位元と逆元があります．つまり，環は加法に対しては群を形成しているということになります．乗法については結合法則（⑨参照）が必ず成り立ちます．最終的に，図のような加法と乗法の組合せを決める二つの法則は，環の場合でも同じです．

　整数の集合，有理数の集合，実数の集合は，すべて環です．しかし，一般的な環は，これらの例とは異なる特徴をもちます．一つ例を挙げます．加法単位元を0とします．このとき，$a \neq 0$ かつ $a \times b = 0$ であれば，有理数，整数，実数の場合には明らかに $b = 0$ ですが，一般的な環では必ずしも $b = 0$ と結論づけることはできません．同じような理由で，簡約律，つまり $a \times b = a \times c$ であれば $b = c$ である，ということも一般的な環では必ず成り立つわけではありません．

　このような制限にもかかわらず，環は数学の多くの分野，特に群論と関連する分野に自然に出てきます．乗法における簡約律といったような特徴を許すためには，さらなる制限を代数的構造に加えることが必要になり，それは体（⒁参照）の概念に続いて行きます．

$$a \times (b + c) = (a \times b) + (a \times c)$$
$$\text{ならびに}$$
$$(a + b) \times c = (a \times c) + (b \times c)$$

⑬⑧ 体

　体とは，一つの集合と二つの二項演算を含む代数的な構造です．環の場合と同様に，これらの演算は和（加法）と積（乗法）として知られています．また同様に，この集合は，加法における可換群を形成します．しかしながら，体においては乗法もまた可換であり，全ての要素 a と b において，$a \times b = b \times a$ となります．この集合は，加法単位元（0）を除いて，乗法における可換群を形成します．環において成立する分配法則（⑬⑦参照）については，体においても成り立ちます．

　これらのことは，体においては 0 以外による割り算（除法）が可能であることを意味します．そして，環の場合と異なり，$a \times b = a \times c$ かつ $a \neq 0$ であれば，$b = c$ となります．このように体は，普通の数が加法と乗法においてもっている特徴を，環の場合よりも多くもっています．例えば，有理数，実数は環であり体でもあります．体の例としては，$a + b\sqrt{2}$（a，b は有理数）という形で表すことができる数の集合も挙げられます．

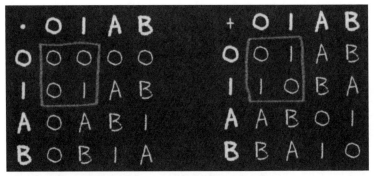

この二つの表は，四つの要素（I, O, A, B）をもつ簡単な体について，二つずつの元の加法と乗法の演算の結果を示しています．I はその体の乗法単位元であり，O はその体の加法単位元です

⑬⑨ ガロア理論

　ガロア理論は，20歳のときに決闘して世を去ったフランスの数学者エヴァリスト・ガロアによって発展しました．このガロア理論は，群論を多項式による方程式の解法（⑨①参照）に結びつけます．

　2次，3次，4次方程式の一般的な解法は16世紀の終わりには知られていましたが，より高次の方程式についてはそのような解法は見つかっていませんでした．多項式による方程式の解は代数的な演算によって書き表すのが基本ですが，ガロアは，群論を使えば多項式による方程式が単純な代数的な演算だけの式で表せる解（閉形式の解）をもつかどうかを明らかにできることを示しました★．

　ガロアは，方程式とその解があるとしたとき，それらはお互いに変形できることに注目し，閉形式の解が存在するかどうかは，それに対応する群が可換であるかどうかに関係することを発見しました．ガロアによって導入された「方程式のガロア群」のうち，最初の四つだけが可解でした．それはせいぜい4次までの項を含む方程式だけが，一般に解くことができる，すなわち単純な代数演算で表現できる解をもつ，ということを示しています．

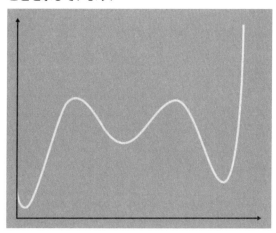

ガロア理論は，ここに例を示したような6次方程式（6次の項をもつ方程式）において，一般解を見つけることは不可能であることを示しています

⑭ モンストラス・ムーンシャイン

　モンストラス・ムーンシャイン（モンスターの月光現象）の予想は，二つの異なる数学分野における，隠れた関連性を明らかにします．この予想は，イギリスの数学者ジョン・コンウェイとシモン・ノートンによって提言されました．それは，1978 年のセミナー中に，奇妙な一致がジョン・ケイによって指摘された後のことです．ケイが指摘したのは，フェリックス・クラインによる数の理論中で定義されている関数を展開すると，その係数に 196,884 という数が現れ，それはモンスター群を行列表現した場合のサイズ 196,883 と一つ違いである，というものでした．

　二つの分野（片方はモンスター群の表現，もう片方は代数学の数の理論）で，なぜこれほど強い関係性が見られるのか，ということに対して解答を出すためには，また別の分野である「理論物理学における頂点作用素代数」をもとにしたアイデアをも使うことになりました．理論物理学の共形場理論を示したリチャード・ボーチャーズは，その研究の一部によって数学界最高の賞であるフィールズ賞を獲得しましたが，その理論はこの深い関係性についての一つの説明となりました．とはいえ，これらの量子理論，代数学，位相幾何学，数論の間に横たわる関連性の詳細については，まだ分からないことが多いのです．

複素数

⑭ 複素数入門

　複素数とは，実数の概念を拡張し，負の数の平方根にも意味をもたせられるようにした数のことです．あらゆる複素数 z は $a+ib$ の形で表すことができます．ここで a と b は実数です．i は -1 の平方根で $i^2=-1$ となる数です．したがって $z=a+ib$ のうち，a は実数部，b は虚数部と呼ばれます．

　(a, b) をデカルト座標の座標値だと考えると，複素数の幾何学を図のように説明することができます．この図は複素平面（アルガン図，あるいはガウス平面）と呼ばれ，平面上の点は，あらゆる複素数 z に対応しています．原点からの距離は z の絶対値と呼ばれ $|z|$ と表します．ピタゴラスの定理により，$|z|$ は二つの部分（実数部と虚数部）を用いて $|z|^2=a^2+b^2$ と計算することができます．

　あらゆる複素数には，x 軸となす角がありますが，これは z の偏角と呼ばれ，それぞれの複素数はその絶対値 $|z|$ と偏角 θ を用いて $z=|z|(\cos\theta+i\sin\theta)$ と表されます．

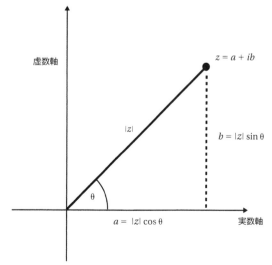

アルガン図

142 複素数の幾何学

　複素平面を用いた複素数の図形的な解釈から，複素数における二つの特徴に対する単純な説明をすることができます．それは，複素共役と三角不等式です．

　複素数 $z = a + ib$ に対する複素共役（あるいは共役複素数）とは $a - ib$ のことであり，記号では z^* または $\bar{z}$ と書きます．図形的には z の位置を実数軸（x軸）に対して反転させた位置に相当します．簡単な計算により，$|z|^2 = zz^*$ であることが分かりますので，z の実数部と虚数部は，z とその複素共役 z^* の和と差を用いて，$\dfrac{(z+z^*)}{2}$ および $\dfrac{(z-z^*)}{2i}$ と表すことができます．

　三角不等式とは，「三角形の最も長い辺の長さは，残る二つの辺の長さの和よりも短い」という数学公式です．二つの複素数の和は，二つのベクトルの和（⑲参照）と同様に幾何学的に計算することができます．つまり，複素数の実数部どうし，虚数部どうしを足し合わせます．以上から，複素数 z と w と $z+w$ について，$|z+w| \leq |z| + |w|$ であり，これを複素数の三角不等式と言います．

図形的視点から見た複素数の別の役目としては，$z = |z|e^{i\theta}$ に複素数 $e^{i\phi}$ を掛けると，指数法則を用いて $ze^{i\phi} = |z|e^{i(\theta+\phi)}$ となります．これは単に，ある角度 ϕ の回転と見なすことができます

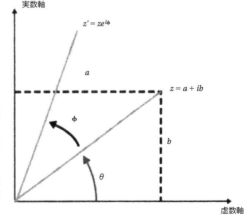

実数軸

$z' = ze^{i\phi}$

a

$z = a + ib$

ϕ

b

θ

虚数軸

⑭ メビウス変換

　メビウス変換は，複素平面上の変換で，円もしくは直線を，$f(z) =$ $\dfrac{az+b}{cz+d}$ という式で別の円もしくは直線に変換するものです．a, b, c, d は複素数の定数であり，$ad-bc \neq 0$ という条件を満たします．z は複素数の変数です．

　これらの変換全体は，変換の合成について群（⑬参照）を構成します．この変換を連続して適用したとき a, b, c, d がどのようになるかは，a, b, c, d を要素とする 2×2 行列を掛け算したときと同じになります．その場合，重要なことですが，角度は保存されます．

　メビウス変換は，物理学の分野で使われています．例えば，2次元の流体モデルを，より簡単に扱えるように変換できます．もとの状況に変換し直すことも可能です．

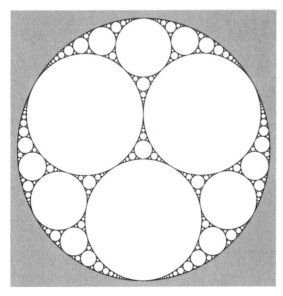

この印象的な図はアポロニウスのギャスケットと呼ばれていて，メビウス変換によって作り出すことができます

⑭ 複素ベキ級数

　複素ベキ級数は，zを複素数として式

$$a_0 + a_1 z + a_2 z^2 + a_3 z^3 + \cdots$$

で表される無限級数のことです．係数 a_k も複素数です．この式を一般化すると，z のベキ乗となっている部分を，z_0 を複素数の定数として $(z - z_0)$ のベキ乗で置き換えることができます．

　実数のベキ級数（⑳参照）と同じく，収束の問題はベキ級数の理論の核心です．収束を調べる一つの方法は，各項の絶対値の和 $|a_0| + |a_1 z| + |a_2 z^2| + |a_3 z^3| + \cdots$ を等比級数 $1 + r + r^2 + r^3 + \cdots$（㊼参照）と比較することです．

　もしベキ級数がすべての z の値について収束するのであれば，この級数によって作られる関数は整関数である，と言います．整関数には，複素多項式や複素指数関数が含まれます．収束半径について言えば，ベキ級数が z_0 の近傍で収束する場合，「z_0 を中心とする半径 r の円を描いたとき，その（円周を含まない）内部にあるすべての z についてその級数が収束するような r の最大値」となるように決めます．この r を収束半径と言います．

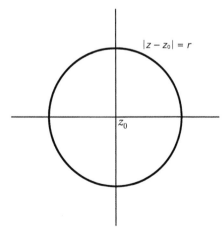

複素ベキ級数における絶対値
$|z - z_0|$. 円は z_0 の周囲での収束
半径 r を示しています

⑭ 複素指数関数

　複素指数関数は，指数関数（⑭参照）を定義し，それを複素数 $z=x+iy$ に当てはめようとするときに現れます．z の指数関数 e^{x+iy} は $e^x e^{iy}$ と表すことができますが，ここで e^x はふつうの指数関数ですから，この式には，虚数を含む表記部分である e^{iy}，つまり複素指数と呼ばれる部分が新しく加わることになります．

　実際には e^{iy} はベキ級数（⑮参照）として表され，その上で実数の項と虚数の項を分離すると，結果として図の最上段の式になります．

　この式の三角関数の出どころは図形的ではなく，まさしく複素指数関数から得られたのです！　この驚くべき発見は，実践的な用途において重要です．例えば，エンジニアたちは交流電気回路の電流計算を簡単にするためにこの式を使っています．また，物理学者たちは量子力学における事象の発生確率を記述する複素波動関数に使用しています．

　数学的には，指数関数と複素数から出発して，図形的な解釈を推察する，という方が自然かもしれません．e^{-iy} に対しても同等の数式を用いると図の2段目の式になるので，y に対する cos 関数と sin 関数は，y の指数関数 e^{iy} と e^{-iy} を用いてそれらの和と差で書くことができます．

　複素指数関数と sin 関数・cos 関数の間の関係は，数学において最も美しいと多くの数学者たちが心を揺さぶられた，オイラーの等式，つまり図の3段目の式になります．そこでは五つの最も重要な数，つまり 0，1，e，π，i が結び付けられています．

　この発見はまた別の重要な結果をもたらしました．それは，複素数 $z=x+iy$ は，絶対値 $|z|$ を r とし，偏角を θ とすると，それらを用いて，$z=r(\cos\theta+i\sin\theta)$ の形に書けるので，絶対値と偏角を用いた複素数の表現は，$z=re^{i\theta}$ と表せる，というものです．

$$e^{iy}=\cos y+i\sin y$$
$$e^{-iy}=\cos y-i\sin y$$
$$e^{i\pi}+1=0$$

⑭⑥ 複素関数

　複素関数 $f(z)$ とは，単純に複素数 $z = x + iy$ の関数のことです．関数の結果 $f(z)$ も複素数なので実数部と虚数部をもち，しばしば $u + iv$ のように記載されます．複素関数の理論には率直に言って奇妙なところがあり，複素解析の世界に独特の現象をもたらしています．

　複素関数のうち，解析関数（⑭⑧参照）は非常に制限が厳しく，これらの関数は，複素共役である z^* を使わずに記載しなければなりません．例えば，z の実数部を出力するという関数は解析関数ではありません．

　複素関数の特別な性質は，複素関数を用いた反復法（㊺参照）のとき，特に顕著に現れます．反復法では，新しい数は一つ前の数を関数に代入することで定義され，プロセス全体はそれらの繰り返しの結果になります．このアプローチで作られる数列は，力学系として知られる数学分野の研究テーマです．$c + z^2$ という単純な複素関数から作られる，美しい造形の例を図に示します．それは，ある点（複素数）を関数に繰り返し入力しても，その絶対値が無限大に発散しないような点の集合を示すもので，図のようなジュリア集合として知られています．

⑭⑦ 複素関数の微分

　複素関数の導関数は，実数関数の導関数（⑩①参照）と同じ方法で定義されます．すなわち，入力が少し変わったときに，関数の結果がどのように変わるかを評価することで定義されます．このようにすると，f の位置 z における導関数は，もし存在するならば $f'(z)$ と表され，複素数の変数 w が z に近づくにつれ，$f(w) - f(z)$ は $f'(z)(w-z)$ に近づくことになります．このことは，$f(z) = z^2$ の導関数 $f'(z)$ が期待通り $2z$ となることを意味します．

　この定義を満たすには，予想よりもずっと多くの制限がこの関数に課されます．その極限が2次元的な性質をもつからという理由もありますし，複素関数がもつ特別な形式によるという理由もあります．入力値が $z = x + iy$ のときに関数 f が $f(z) = u + iv$ となるとすれば，f が複素微分可能であることの必要十分条件は，コーシー・リーマンの関係式と呼ばれる偏微分方程式，つまり $\dfrac{\partial u}{\partial x} = \dfrac{\partial v}{\partial y}$ かつ $\dfrac{\partial u}{\partial y} = -\dfrac{\partial v}{\partial x}$ を満たすことです．ここから，u と v はそれぞれ図に例を示す調和関数，つまり $\dfrac{\partial^2 u}{\partial x^2} + \dfrac{\partial^2 u}{\partial y^2} = 0$ かつ $\dfrac{\partial^2 v}{\partial x^2} + \dfrac{\partial^2 v}{\partial y^2} = 0$ である，ということが示されます．

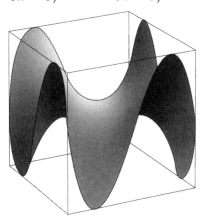

上式はラプラス方程式と呼ばれ，数理物理学の分野で最もよく登場する方程式の一つです

⑭ 解析関数

　解析関数（あるいは正則関数）とは，微分可能な複素関数のことです．すべての範囲で微分可能であるためには，複素関数はラプラス方程式（⑭参照）を満たさなければならず，1回のみならず2回微分可能である必要があります．2回微分可能な関数は1回微分可能な関数よりも少ないだろうと自然に考えられますが，実際のところそうではありません．つまり，複素関数が全ての範囲で微分可能という条件は実はとても厳しいものであり，1回だけでも微分できるということは，無限回微分可能でなければならない，ということを意味します．このことは，実数関数を微分する場合（⑩参照）に，微分が可能かどうか調べる方法とは全くかけ離れています！　つまり複素関数の場合には，1回微分できれば何回でも微分できます．

　図に示す解析接続と呼ばれる技法は，リーマンのゼータ関数（⑭参照）の解析に活用されています．

解析接続．二つの解析関数 f と g がどちらも，複素平面の特定の領域で収束するテイラー級数をもつとして，関数1を表すテイラー級数がある領域で収束し，関数2を表すテイラー級数がまた別の領域で収束するとします．その場合，重なっている領域の中では二つの関数が等しいということが分かれば，二つの関数は同じ解析関数のテイラー級数であるということが分かるのです．関数2の収束領域を示す円の中心は，関数1の収束領域を示す円の内部になければなりません

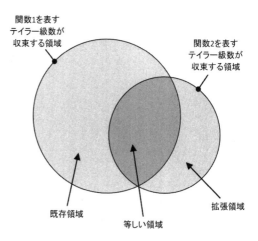

関数1を表すテイラー級数が収束する領域

関数2を表すテイラー級数が収束する領域

既存領域

等しい領域

拡張領域

⑭ 特異点

　複素関数の特異点とは，複素関数において値を決定することができない点のことです．この特異点はその性質によって次の四つに分類できます．1番目は特異点を除去できる場合です．2番目は「極」と呼ばれる場合であり，$\dfrac{1}{(z-z_0)^n}$ $(n>0)$ のようにふるまうケースです．3番目は，「真性な特異点」と呼ばれ，下記のローラン級数が負のベキ乗項を無限項含む場合です．最後は多価関数における分岐点の場合です．

　図に示す2番目の場合についていうと，$f(z)$ が極 z_0 の近くで以下のように，$(z-z_0)$ の負のベキ乗も含むベキ級数として定義できます．

$$f(z) = \frac{a_{-n}}{(z-z_0)^n} + \cdots + \frac{a_{-1}}{(z-z_0)} + a_0 + a_1(z-z_0) + \cdots$$

　この表現は「ローラン（級数）展開」と呼ばれ，従来のテイラー展開では表せない場合に用いられます．これとよく似た表現方法にニュートン・ピュイズー展開があり，それは z の整数のベキ乗の項だけでなく分数のベキ乗の項をも含めることを認めるように一般化したものです．

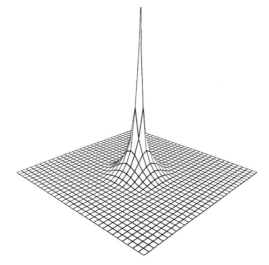

図の関数は，極において値を決めることができず絶対値が無限に発散します

150 リーマン面

　リーマン面とは，複素平面における関数が多価関数（結果が複数の値となる関数）であるときに，その面の上では一つだけの値をもつように工夫した面のことです．自然対数関数 $\ln(z)$（つまり $\log_e z$）は，複素数の値 $z=|z|e^{i\theta}$ については，$\ln(|z|)+i\theta$ となります．しかし，オイラーの等式（145 参照）を使えば $e^{2i\pi}=1$ となるので，$z=|z|e^{i(\theta+2\pi)}$ つまり $\ln(z)=\ln(|z|)+i(\theta+2\pi)$ も同様に成り立ちます．さらに，全ての整数 k について $e^{2ki\pi}=1$ なので，$\ln(z)=\ln(|z|)+i(\theta+2k\pi)$ も正しいことになります．これは，複素関数が多価関数になっている例です．複数の値をもつ複素関数の，少し異なる例としては，z の平方根を取る関数が挙げられます．

　自然対数関数に対するリーマン面を図に示します．自然対数関数 $\ln(z)$ に対するリーマン面を，分かりやすくするために工夫した図です．こうしたリーマン面を理論的に一般化すると，対数関数とはまた別の関数について，より複雑な複素平面の構造を作ることができます．

このリーマン面では，自然対数関数を異なる領域（分枝）に分離することで，複数の値をもつという多価関数の性質を除去しています．中央の柱の周りに 1 回転（2π だけ回転）したとき，普通の平面のように同じ場所に戻って来る，ということはありません．これにより，この面の上において対数関数は一つの値のみをもつようになっています

⑮ 複素線積分

　微分と同じように，複素平面上の経路に沿った積分を，2次元実数平面での線積分（⑮参照）から類推して定義することができ，複素線積分あるいは複素積分と言います．2次元に拡張されることにより，複素関数は閉曲線★に沿って1周分の積分（周回積分）を行うときには驚くべき結果をもたらします．

　解析関数，つまり微分可能な複素関数（⑭参照）を閉曲線に沿って積分すると，結果は0になります．これはコーシーの積分定理と呼ばれます．ローラン級数（⑭参照）で表される関数もまた，極を含む閉曲線に沿って積分可能です．ここで，解析可能な部分を積分すると，z^{-1}以外のすべての z^{-n} のベキ乗すべてについては0となります．結果として，唯一の寄与がこの項（z^{-1}）から来ることになり，それは積分すると $\ln(z)$ となります．閉曲線周りの $\ln(z)$ の変化は，偏角が 2π の分だけ動くということなので，$2\pi i$ となります．それでこの項の寄与分は $2\pi i a_{-1}$ となります．

　係数 a_{-1} は留数と呼ばれ，関数 f を閉曲線に沿って積分すると，曲線に囲まれた留数の和の $2\pi i$ 倍となります．つまりそれぞれの極からの寄与分を別べつに足すことになります．これを留数定理と言います．

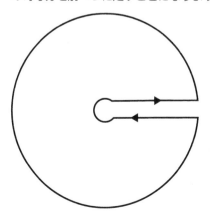

コーシーの積分定理によると，閉曲面の内部に極が無ければ一周した積分値はゼロになります．図は，中心部にある極を避けるように経路を設定したものであり，積分値はゼロです．すなわち，外側の円を左回りに一周する積分値＋内側の円を右回りに一周する積分値＝0 となりますが，左回りと右回りでは積分値の正負が逆になることから，外側の円を一周する積分路は内側の円を同じ向きで一周する積分路に変更できることが分かります

🄖 マンデルブロ集合

マンデルブロ集合は，力学系の研究から生み出された複素数の集合です．それは C を複素数の定数，$z_0 = 0$ を初期値とする反復計算 $z_{n+1} = C + z_n{}^2$ を繰り返したときに，z_n が無限大に発散することのない C を集めた集合です．$z_0 = 0$ のとき $z_1 = C$ となりますから，別の定義としては，複素数 C を初期値とする繰り返しが，有限を保ち続ける，ということもできます．0 を初期値と考えるか，C を初期値と考えるか，という違いはありますが，マンデルブロ集合に属する複素数は，その位置におけるジュリア集合（🄖 参照）に関する情報を提供してくれます．

マンデルブロ集合の画像は，C のたくさんの値（点）を選び，それぞれの点が反復計算により無限大に近づくであろうと判断できるほど十分大きくなるか否かという，「とにかくたくさん試す」というアプローチにより作られます．その手順においては，後方反復という工夫を用いることで，細かい部分を効率的に埋めることができます．発散しない部分を黒で塗った，アイコン的で美しい画像を図に示します．マンデルブロ集合の境界部分はフラクタル図形（🄖 参照）で無限に入り組んでいて，細部は自己相似的になっています．

153 組合せ論入門

　組合せ論は場合の数の数え上げ方法について研究する数学分野です.
図のように, ポーカーのゲームで他の3人の手札を予想するときのよう
に, 組合せ論によれば対象物の個数や事象の起きる可能性などを, すべ
ての結果を書き出すことをせずに, 計算によって予想できるのです.

　組合せ論は, 確率論, 最適化問題, 数論の問題において中心的な役割
を果たします. その技巧的な数学手法には一種の芸術と言えるような性
質があります. この分野での著名な数学者にはレオンハルト・オイ
ラー, カール・ガウス, そして渡り歩く数学者とも呼ばれたハンガリー
のポール・エルデシュの名を上げることができます.

　組合せ論といえば, 一般的な方法や規則が確立されていないため, 理
論をもたない学問領域などと言われたことがありました. しかし, それ
も変わりつつあり, 最近の発展や成功例を見ると, 組合せ論はそれ自体
で一つの学問領域として成熟してきたことがわかります.

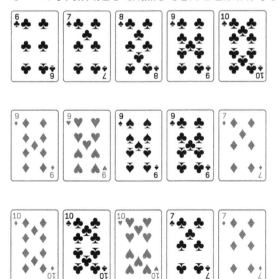

⑮ 鳩の巣原理

　鳩の巣原理は，仕組みこそ単純でも応用範囲の広い数学上の成果です．例えば，101 羽の鳩を飼っていると仮定します．ところが巣が 100 か所しかないとすれば，その巣に鳩がどれだけ散らばって入っても，図のように，少なくとも一つの巣には 2 羽の鳩が同居することになります．一般的に表すと，$m > n$ として，m個の物を n個の箱に入れるとき，少なくとも 1 個の箱には 2 個以上の物が入ることになります．

　この原理はいろいろな問題に応用できます．例えば，ある都市に住む 100 万人の中には同じ本数の頭髪の人が少なくとも二人いることを証明できます．一人の頭髪はおよそ 15 万本あり，多く見積もって最大 90 万本だとしてよいでしょう．この場合，m個の物を 100 万人の住人，n個の箱を可能な頭髪の本数である 90 万本だとします．$m > n$ ですから，鳩の巣原理によって少なくとも二人の頭髪の本数が同じになるわけです．

⒂ グリーン・タオの定理

　グリーン・タオの定理とは，「素数の並びには，たとえ連続していないにしても，任意の長さの等差数列が存在している」というものです．この証明には組合せ論が用いられました．

　例えば，3 個の素数 3，5，7 は公差 2，項数 3 の等差数列です．10 個 の 素 数 199，409，619，829，1039，1249，1459，1669，1879，2089 は公差 210，項数 10 の等差数列です．末項の 2089 に 210 を加えると 2299 ですが，これは 11 で割れますから素数ではありません．

　このように比較的項数が少ない素数の等差数列の存在については古くから知られていました．ところが，その証明のほとんどは，力学系と数論を融合させた理論アプローチによるもので，ことごとく失敗していたのです．そして，ようやく 2004 年にベン・グリーンとテレンス・タオが証明に成功しました．それはそれまでの証明方法とは異なり，本質的には組合せ論的な手法に基づくものでした．

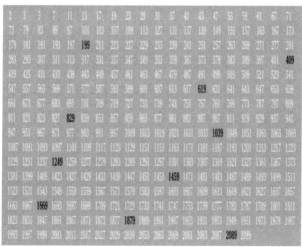

2100 までの素数を並べて書きました．公差 210 の等差数列を黒字で示してあります

156 ケーニヒスベルクの橋

　ケーニヒスベルクにある7本の橋を題材にした有名な問題があります．それは新たな数学分野であるグラフ理論（157 参照）を発展させるもとになりました．

　18世紀プロシアのケーニヒスベルク（現在のロシアのカリーニングラード）には四つの区域の境界を流れるプレーゲル川に7本の橋がかかっています．問題は「7本の橋すべてを1回ずつ通ってもとに戻ってくるように巡ることができるでしょうか」というものです．試行錯誤だけで考えると厄介な問題ですが，1735年にレオンハルト・オイラーが不可能であることを数学的に解明しました．

　4区域と7本の橋を抽象化して，4個の点と7本の辺（＝線）とみなし，2点間を線が結ぶものとすると，地理的な距離などの概念にとらわれず，頂点と辺というグラフの要素で考えることができます．一つの区域に到着してその区域から離れることは，辺を通って頂点を通過することを意味します．それぞれの橋を1回のみ渡ってもとに戻るためには，それぞれの頂点から偶数本の辺が出ていることが必要です★．ところが，この場合，それぞれの頂点から奇数本の辺が出ています．したがって，辺を1回ずつ通過するような道は存在しないということになります．

右の図は，左の図のケーニヒスベルクの橋の問題を簡潔に表しています．A～Dのそれぞれの区域は4個の頂点で表し，2点間には橋に対応する線分を描いてあります

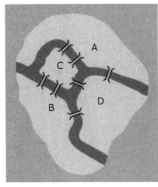

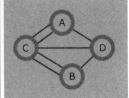

156

157 グラフ理論入門

　グラフ理論は連結について調べる学問です．ここでいうグラフは関数のグラフという意味ではなく，図のような，抽象的な線（辺）によって結ばれる点（頂点）から成り立っています．そのうち辺によって結ばれる頂点の並びはパス（道）といわれます．

　グラフ理論では複雑な組合せ問題を解くことが重要な解法の一つになります．例えばグラフに含まれるある長さのパスの数を数えること，あるいはグラフに含まれる部分グラフについて調べる問題などで組合せ論が用いられます．

　電気回路への応用研究が，初期のグラフ理論の発達に大きく寄与しました．この場合，電流の大きさが重みとして辺に付記されるグラフ，つまり重み付きのグラフが用いられます．同種の応用では，パイプを流れる水流や物流のネットワークなどにも重み付きのグラフが最大の流量を定めるのに用いられます．このようにグラフ理論は物理的，物流的なモデルの構築に役立っています．

　近年では，インターネットをグラフとみなしたり，細胞中の化学物質と遺伝子の間の相互作用モデルをグラフ理論で考えたりしています．

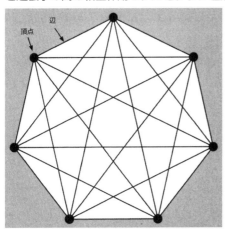

158 四色問題

　数学における古典的な問題（定理）の一つに四色問題があります．
「地図において，境界を接する二つの領域や国が異なる色になるように
塗り分けるために必要な最小の色数は4色である」という問題です．グ
ラフ理論の言葉では，「それぞれの国を頂点で表し，国の境界線を2点
間を結ぶ辺で表すとした場合，同じ色の頂点が結ばれないように各頂点
に色を割り当てるには，4色あれば充分である」と言い換えられます．
　これを証明するには膨大な国があるとした塗り方についての解析が必
要であり，コンピュータを使った定理の検証が役立ちました．1980年
代の後半に，ケネス・アペルとヴォルフガング・ハーケンがコンピュー
ター・プログラムを用いて2000以上の特別な場合に分けて定理の正し
さを調べ上げたのです．それ以降，プログラムの洗練，改良が加えら
れ，2004年に「定理証明支援系」というコンピュータ手法により，四
色問題の証明の検証が完結されました．

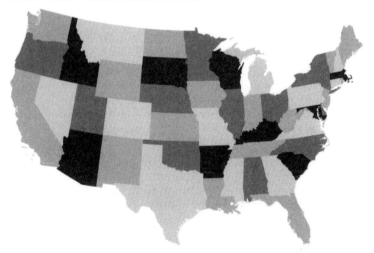

アメリカ合衆国の地図．境界を接する州が同じ色にならないように塗り分けるには4
色で十分です

158

⑮⑨ ランダムグラフ

　グラフのすべての頂点のどの2頂点も，ある一定の確率で結ばれているようなグラフをランダムグラフと言います．グラフがN個の頂点をもつとして，すべての2頂点の対がpの確率で辺によって結ばれ，$1-p$の確率で結ばれていないというグラフです．

　ランダムグラフという用語については，Nが無限に大きくなると（$N \to \infty$）グラフの性質はpに依存しなくなっていきますが，その漸近的なグラフのことを指して特にランダムグラフと呼ぶ場合があります．

　ランダムグラフにおいて，任意の2点がパス（道）によって結ばれているとき，そのグラフは連結であると言われます．また，有限の連結した部分グラフを二つ選んだとして，一方の部分グラフの任意の頂点が他方のどの頂点とも結ばれていない場合，それらの部分グラフは非連結であると言われます．

　このランダムグラフについて，Nの増加とともに，その性質はどのように変化するでしょうか．Nが小さい間は，グラフは互いに非連結の多くの小要素に分かれているうえ，閉路（頂点と辺の連続で元に戻るリング状の道）は存在しません．そして，Nが増大するにつれて連結性についての閾値（限界値）現象が起こります．

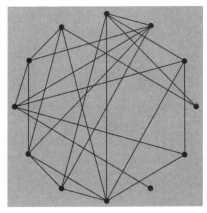

グラフが孤立点をもつ確率を調べると，p が $\dfrac{\ln N}{N}$（$= \log_e N / N$）より小さいとグラフは孤立点をもち，大きいと孤立点は次第に減っていきますが，Nの値が十分大きいとき，つまり $N \to \infty$ のとき，$p = \dfrac{\ln N}{N}$ において孤立点は急激に消失します★

⅋160 距離空間入門

　距離空間は二つの要素間の距離を定義する集合（21 参照）であり，物体間の距離の概念を抽象化して扱います．距離の最も有名な例は，3次元空間におけるユークリッド距離です．その空間では，二つの点 x と点 y の間の距離は，その2点を結ぶ直線の長さとして定義されます．

　より一般的には，距離 d と集合 X があり，距離 d が集合 X 内の二つの点 x, y の実関数 $d(x, y)$ であって以下の三つの状態を満たすとき，d と X は距離空間を作る，と言います．

1．二つの点の間の距離は負ではなく，とくに二つの点が一致するときは0となる．
2．x と y の間の距離は，y と x の間の距離に等しい．
3．3点目の点 z をどのように選んでも，x と y の間の距離は，x と z の間の距離と y と z の間の距離を足したものと同じかそれよりも小さい．

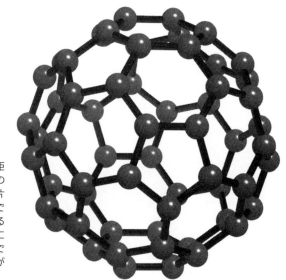

頂点と稜線による距離空間の例．二つの頂点間の距離は，片方の頂点から最短でいくつの稜線を通ることで他方の頂点にたどり着くことができるかで表すことができます

161 測地線

　測地線とは，曲面上の2点を結ぶ最短距離の経路のことです．平面上では，それが直線であることは誰でも直感的に知っています．しかし，面が曲がっているときは，最短経路はもっと一般的な曲線になることでしょう．その曲線は，その曲面上をたどる2点間の距離（160 参照）を，最小化したものです．最も身近な非ユークリッドな測地線は，球面上の大円です．地球表面における赤道もそうですし，長距離飛行機が飛ぶ経路もそれにあたります．

　多くの場合において，測地線は積分を用いて表され，二つの物体間の距離を記述する関数の微分が 0 になるように決定されます．測地線は，アインシュタインの一般相対性理論にも組み込まれており，二つの物体を歪んだ時空間を通って結ぶ経路を表すもの，とされています．空間を通る最短経路が実際に測地線であるという事実は，「水星の近日点移動の謎」と呼ばれていた現象に代表される惑星の軌道の不規則性や，ブラックホールに近づいた（質量をもたない）光や質量をもった物体の経路が歪んだりする現象を説明することができます．

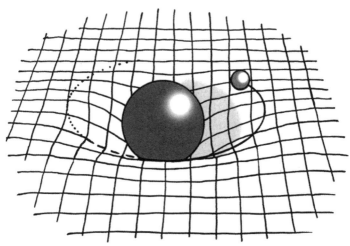

⑯ 不動点定理

　不動点定理とは，ある前提条件の下で，関数 $f(x)$ は少なくとも一つの変化しない点，すなわち $f(x) = x$ となる点をもつ，ということを保証するものです．不動点定理にはいろいろなものがありますが，その中のブラウワーの不動点定理★は，幾何学形状に，適切な条件での変形である限りどのような変形を行っても，少なくとも１点だけは移動しない，ということを示しています．この定理の例を図に示します．

　明らかに，この定理は紙を二つに切ったりしない，という前提のときだけ成り立ちます．数学の用語でいうと，「関数 f は連続でなければならない」ということになります．また，くしゃくしゃにされた紙は，もとの紙の範囲に収まっていなければなりませんが，これも数学用語でいうと，「f の定義域と値域がある閉集合に含まれる」ということになります．そして一般的な表現を用いれば，「連続関数 f が，ある閉集合のそれ自身の中への写像であるとき，それは不動点をもつ」ということになります．これと似た定理が個々の家庭や企業の経済状態を調べるミクロ経済学の分野で広く用いられています．また，微分方程式の解が一つだけ存在することの証明にも使われます．

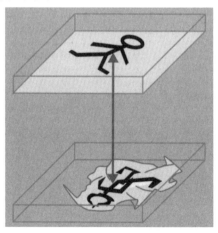

　２枚の紙を取って，１枚をくしゃくしゃにし，それをもとの紙の真下に置き，その紙のどの部分も，もとの紙を投影した範囲からはみ出さないようにします．そのとき，くしゃくしゃにされた紙の中の少なくとも１点（不動点）だけは，もとの場所（くしゃくしゃにされていない紙の対応する場所）の真下に位置します

⑯ 多様体

多様体とは，多面体や曲面に関する位相空間に特有の図形的概念です．局所的に見れば，多様体は日常的なユークリッド空間と同じように見えます．それで，多様体はユークリッド空間と局所的に同相であると言われます．

ユークリッド空間との局所的な関係を通じて多様体を視覚化できます．それはつまり，多様体中の物体を表すことができる座標系です．しかしながら，これは局所的にしか当てはまらないので，局所的な座標系の重なり部分で互いに矛盾しないような条件が必要になります．

多様体の分類は，対応するユークリッド空間の次元に依存します（⑫参照）．もし多様体が 5 次元かそれ以上の次元をもっているならば，その分類は比較的わかりやすく，切ったり貼ったりする工作のような手順になります．穴といったような新しい構造は，その手順によって，既に良く分かっている多様体に付け足されます．2 次元や 3 次元の多様体を表すのはもっと複雑で，4 次元の多様体はさらに風変わりな様子を示します．

図に多様体を模式的に示した例を示します．

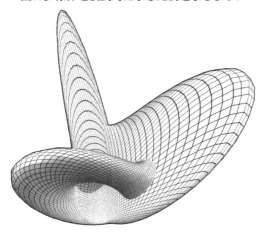

164 測度論

　測度論では，集合の大きさについて，長さ・面積・体積といった概念を一般化した「測度」という量によって記述する方法を考えます．集合の大きさを測ろうとするときは，図のように集合の大きさの指標となる数や負荷（重み）を，その集合に割り当てます．

　扱うすべての集合を通して一貫した測度を定義することは難しく，その定義はσ（シグマ）加法族のアイデアに頼ることになります．これは，測度が首尾一貫していることを保証する方法で，例えばある集合の部分集合の測度は，もとの集合の測度よりも小さいか同じかになります．

　多くの応用について見ると，どんな命題であっても，特別な場合を示す例外的な集合を除いて正しい，と言えます．測度論は，これらの例外の集合の大きさを評価する方法についても考えます．測度が0の集合は小さいですが，それでも数えきれないほど多くの点を含んでいる可能性もあります．なので，測度が0の集合における場合を除いて正しい，といえる事柄がある場合，「ほとんどいたるところ正しい」のような言い方をします．例えば，「実数を小数で表した場合，ほとんどいたるところ，無限に続く小数になる」といった具合です．

測度が妥当なものであるためには，集合の関係を反映していなければなりません．別の言葉で言えば，空集合の測度は0であり，ある集合の部分集合の測度は，もとの集合の測度よりも小さいか同じになるはずです

⑯⑤ 開集合と位相空間

　開集合とは，ある集合の中の任意の点に十分近いすべての点がその集合に属するような集合のことを言います．例えば，距離空間において，ある点 x からの距離が r 未満の点の集合を考えます．このときこれらの点の集合は開集合であり，半径 r の開球体を作る，と言われます．このように開集合は，点同士の近さという概念を与えてくれるので便利です．

　位相空間は数学的な集合であり，それは部分集合の集合 T によって定義されます．その場合，部分集合は「もとの空間の開集合」と呼ばれ，開集合 T は図に示すような特別なルールを満たす必要があります．

　このルールは，すでに極限によって定義した関数の連続性（⑨⑥参照）が，この開集合による定義と同じであることを示しています．すべての開集合の原像がまた開集合であるとき，関数 f は連続です．集合 U の原像とは，像 $f(x)$ が U に含まれるような点 x の集合です．

　距離空間におけるもう一つ大切な概念は「コンパクト性」です．それは閉集合の概念を拡張したものです．ある空間の開被覆とは，開集合の集まりの和集合が，その空間全体となるとき，その開集合の集まりのことを言います．そしてどの開被覆も有限な部分開被覆をもつとき，その空間はコンパクトである，と言います．つまり，その開被覆の中に有限個の開集合から成る集合があって，それはもとの集合を覆います．

　このことは，「収束」を定義するのに役立ちます．コンパクトな空間では，その空間内の要素からなる有界な数列はすべて，収束する数列を部分数列としてもっており，すべてのコンパクトな距離空間は完備です．すなわち，すべてのコーシー列（㊶参照）はその集合内のどこかの点に収束します．

- T はもとの集合と空集合を含む．
- T に含まれる二つの部分集合による交わりも，T に含まれる．
- T に含まれる部分集合のいかなる組み合わせから成る和集合も，T に含まれる．

---

⑯ フラクタル

　フラクタルとは，どんなに細かく見ても同じような構造をもっている集合のことです．例としては，カントールの三進集合（㉚参照）はフラクタルです．また，マンデルブロ集合（⑮参照）の境界部分はフラクタルです．フラクタルの複雑な形状や表面の状態は，ユークリッド幾何学として扱われる必要はありません．

　フラクタルには次元があります．ただし，カントールの三進集合は点の集まりとしては0次元の集まりですが，非可算なので，線の間隔の濃度をもっています．

　フラクタルは自然の形状の中に見ることができて，それらは測度論から見た場合，研究対象となります．とくに，測度論を使えば次元に該当する量を定義することができます．カントールの三進集合に適用すれば，その次元は0と1の間にあります．

　フラクタルの，無限に入り組んだ状態は，その集合を直径 r の開球体で覆い，その r を0に近づけていくときに明らかになります．そのために必要となる球体の数は，r が小さくなるにつれ増大します．フラクタルの場合には，非常に細かい部分を覆わなくてはならなくなるため，普通の場合よりもずっと多くの球体が必要になります．

半径 r の円の集まりで，イギリスのグレートブリテン島の海岸線を覆います．r が小さくなるにつれ，細かいところがたくさん現れるので，前よりもずっと多くの円が必要になります．このように指数関数的な増大が見られるのは，フラクタルの特徴です

⑯ フラクタルな日時計

　フラクタルな日時計は，注目すべき思考実験として，1990 年に数学者のケニス・ファルコナーによって提案されました．ファルコナーは，影が，図のようにデジタル時計のスタイルで時刻を教えてくれるように変化していく日時計★を，3 次元のフラクタル図形を利用して作ることが理論的に可能であることを証明したのです．

　ファルコナーの証明は，平面上に太く書かれた文字あるいは数字の列に角度を対応させることから始まります．その結果，この並びのすべての文字列について，太陽光線がそれぞれの角度に対応した角度で降り注ぐとき，平面に落とす影をそれぞれの角度に対応した数字や文字の形にできるフラクタル集合が存在する，ということを示しました．

　ファルコナーの証明は，しかし，実用的なものではありませんでした．そのような日時計を理論的に構成することができる，ということは証明されたものの，そのフラクタルの形をどのように決定するか，そして現実的にどのように作るか，ということを示すものではなかったのです．

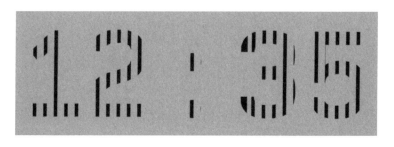

バナッハ・タルスキーのパラドックス

バナッハ・タルスキーのパラドックスは，中身の詰まった3次元のボールを有限個の数のピースに割ったのち，それらを組み合わせて，もとのボールと合同なボールを二つ作ることができる，というものです．

この仮説は，明らかに全く無理なことのように思えます．ピースを切ったり動かしたりという操作では体積は変化しないので，最初の一つの体積と組み替えた後の二つの体積は等しくなるはずです．といってもこれは，構築に使われるピースに対し，体積という概念が意味をもつ場合にのみ，成り立つことです．実際の物体としてのボールの場合は明らかにそうですが，数学的なボールの場合には，そうではないこともあり得るのです．

この結果は非可測な集合，つまり伝統的な体積というものをもたないような点の集まり，についての計算によるものであり，ボールを分割するには，無数の集合から要素を選択してくることが可能であることが要求されます．

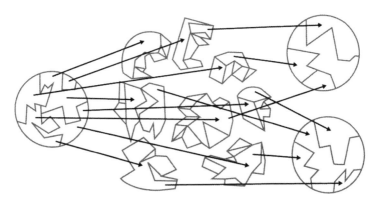

バナッハ・タルスキーのパラドックスでは，ある数学的なモデルによるボールを，いくつかの部品に分けて，集め直すことで，元のボールと同じものを二つ作ることができます．現実のボールでは，こういったことは簡単ではないどころか，図示できるような分割方法では不可能です！

⑯ 位相幾何学入門

　位相幾何学（トポロジー）とは，形を記述し，それらが等しいとはどういうことか，などを明らかにする数学の一分野です．その研究領域は，形の重要な特徴を考えること，それらをどのように認識するかを考えること，を含みます．位相幾何学においては，ドーナツとコーヒーマグカップは「同じ形」として分類されます．なぜなら，どちらも，図に見るように，１枚の表面からできていて一つの穴があるからです．

　位相幾何学の問題の単純な例は，紙でできたシートの両端の辺を糊でつなぎ合わせるとどうなるか，と考えるものです．紙の反対側の辺をつなぎ合わせると，円筒ができます．さらに残る２辺をつなぎ合わせるとトーラス形（ドーナツ形）ができます．しかし，これらの操作によってまた別の二つの物体，つまりメビウスの帯（⑰参照）やクラインの壺（⑰参照）といったものも，理論的には，適切なひねりを加えることでできます．

　位相幾何学的なアイデアは，コンピュータにおける認識のプログラムや，コンピュータ・グラフィックスの分野で活用され，また，通信用の電波塔をどのように配置するかとかいった問題にも応用されています．

170 メビウスの帯

　メビウスの帯というのは，図のように，ただ1枚の側面とただ1本の辺でできる曲面のことで，表と裏の面が分かれた細長い紙片を，片方の面が裏返しになるようにねじったあと，両端をつなぎ合わせて輪にすることで作ることができます．

　この帯は，表と裏の区別のつかない向き付け不可能な曲面の例となります．表と裏の区別がつくのなら向き付け可能です．向き付け不可能な場合，どこかの点における法線，つまり面に垂直なベクトル，を定めると，それを面に沿って連続的に動かすことで，その曲面の中のどこへでも持って行くことができます．メビウスの帯のような向き付け不可能な曲面では，そのベクトルが元の場所に戻ってきたとき，最初の状態とは正反対な方向を向いていることがあります．まさに表と裏が混在しています！

　2枚のメビウスの帯を，それぞれの1本ずつの辺をつなぎ合わせて閉じた曲面にすると，次の項目で説明するクラインの壺ができます．これは，3次元のユークリッド空間では，紙を引き裂いたりすることなしには作ることができません．

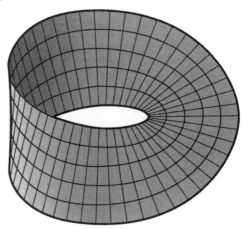

⑰ クラインの壺

　クラインの壺は，図のような形をした向き付け不可能な曲面です．ただ1枚の側面でできるだけで，辺はありません．

　数学的には次のようにして作ります．まず1枚の長方形の紙を用意して，向かい合うひと組の2辺を円筒を作るように合わせたあと，残る2辺を，裏表が逆になるようにねじらせながらトーラス形に合わせます．

　3次元空間でこのような作り方をすると，辺を合わせるときに，面は自分自身と交差してしまいます．しかし4次元空間の中でなら，そのような交差がないようにして作ることができます．

　メビウスの帯と異なり，クラインの壺は閉曲面です．すなわち，コンパクト（⑯参照）であり，境界が存在しません．数学者たちは，こうした閉曲面を，全体を貫通する穴の数と，向き付け可能かどうかという条件によって，分類しています．

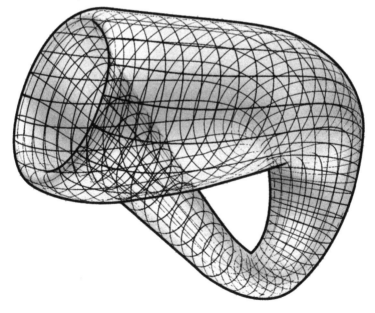

⒄ オイラー標数

　オイラー標数とは，多面体や曲面の形を決める数で，形が曲げられたり歪められたりしても変化することのない不変量です．それによって多面体や曲面がもつ貫通孔の数といった特徴を定めることができます．

　多面体は，特に単純な閉曲面であり，平らな側面，その境界となる稜線，稜線が集まる頂点をもちます．レオンハルト・オイラーは貫通孔のない単純な多面体について，側面の数を F，稜線の数を E，頂点の数を V とすると，$V-E+F=2$ となることに気づきました．貫通孔のあるより一般的な曲面もまた同様に，曲がった側面，その境界となる稜線，稜線が集まる頂点を考えると，図に示すようにトーラス形は，少なくとも $V=1$，$E=2$，$F=1$ とすることができ，$V-E+F=0$ となります．

　$V-E+F$ で決まる数はオイラー標数として知られています．向き付け可能な閉曲面においては，貫通孔の数 g は種数として知られますが，この g はオイラー標数に関係していて，$V-E+F=2-2g$ となります．

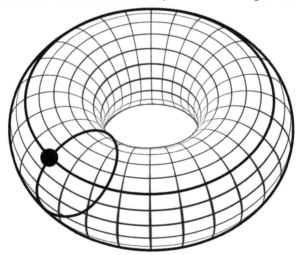

トーラス形は，少なくとも1個の頂点（黒丸），2本の稜線（太線），1枚の側面をもちます

⒘ ホモトピー

　2枚の曲面（または2個の物体）は，片方を切ったり裂いたりすることなく変形させていって，もう片方に一致させることができるときに同相である，と言われます．例を挙げると，コーヒーカップとトーラスは，どちらも一つの面と一つの穴をもっていて，同相です．片方を連続的に変化させていって他方に一致させることができるからです（⒗参照）．

　二つの連続関数 f と g の間のホモトピーについての正確な定義としては，一方の関数から他方の関数への変換の連続な族であり，f と g の間で連続的な対応付けができるときに「空間 X と Y はホモトピー同値である」と言います．f と g の間で連続的な対応付けができるとは，g の後で f の変換を行ったものが空間 Y の単位元と同相であり，f の後で g の変換を行ったものが空間 X の単位元と同相であることを言います．ある意味では，f と g は互いの逆変換であり，滑らかに二つの空間 X と Y をつないでいるように見える，と言うことができます．

　ホモトピーのいくつかの例には，実に驚くべきものがあります．例えば 1924 年に J. W. アレクサンダーによって発見された，「角(ツノ)付き球面」を図に示します．この物体の表面は，普通の3次元の球の表面と，同相だというのです！★

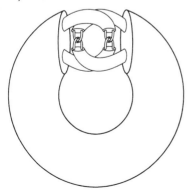

⑰ 基本群

位相空間における基本群とは、その名前が示す通り、数学的な群（⑬参照）を位相空間の形に適用したものです。位相空間の形は、穴や境界と言ったもので特徴づけられます。それらの特徴量はホモトピーのもとでは不変であり、その表面上にあるループは歪めることができるという方法を用いて、特徴量を決めることができます。

ループとは、その空間における、始まりと終わりが一致している道すじのことです。二つのループは、片方を変形させて他方と同じにできるとき、同値であると言います。基本群は、その空間の形状に関する情報を記号化し、ホモトピー群として多次元に拡張されていく最初の群で、かつ最も単純な群です。

基本群を定義するもっとも単純な方法は、空間 X 内のある点 x を固定し、その点を基点とする全てのループを考えることです。一つのループをたどってから二つ目のループをたどり、それを一つのループとすることで、新しい類（class）を作ることができます。この類の操作によって群が構成されます。これらのループたちと操作が合わさったものが、その空間の基本群で、たとえその空間そのものが歪んでも不変です。図に一つ例を挙げます（⑰参照）。

基本群は、位相空間に広がった1次元のループを数えるのに用いることができるのに対して、高次元のホモトピー群は高次元の球面を用いて定義され、空間の広域な構造についての情報を与えてくれます。しかし、より高い次元では、それとは異なる方法で情報を記録する単純な不変性が必要になります（⑭参照）。

3次元空間におけるリング状のトーラスの表面に点を一つ選びます。その点を通りトーラスの周りを回って穴を取り囲むようなループを作ることもできますし、その点を通り穴も通過するようなループを作ることもできます。これら二つのループは同値ではありません。また、これら二つのどちらとも違う3番目の類もあり、それは最初に選んだ1点に滑らかに縮めることができるループの類です。

---

175 ベッチ数

　ベッチ数とは，与えられた多面体や曲面の位相的な特徴を記述するための数のことであり，ホモロジー（178参照）の考え方を使って計算します．つまりオイラー標数と同じく，ベッチ数は単純な特徴を用いて，形の分類をする助けになります．単純な特徴とは，穴のない連結成分の数とか，穴の数とか，空洞の数とかいったものです．

　例えば貫通する穴や多数の泡のような内部空洞があるスイスチーズ★の一片を考えてみてください．そこには次のような重要な位相的な特徴が見られます．

- ・それはチーズのひとかたまりである．つまり連結成分の数は1である．
- ・n個の自分を貫く穴がある．これはそれ以上縮めることのできない貫通孔と考えることもできる．
- ・内部には，m個の泡のような空洞がある．これはそれ以上縮めることができない球面と考えることもできる．

　こうした特徴の数，あるいはより高い次元の場合は穴や泡をその次元で拡張したものの数は考えている形におけるベッチ数となります．

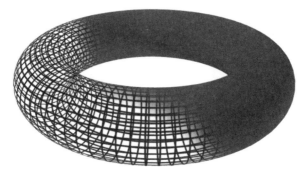

この図のようなトーラス面は，一つの連結成分でできていて，二つの円状の穴（一つは水平の切り口になっている円，もう一つは垂直の切り口になっている円）をもち，一つの3次元の空洞（一つだけあるトーラス形の内部空間）をもっています．このことにより，ベッチ数は1，2，1となります

176 サーストンの幾何化定理

　サーストンの幾何化定理により，3次元閉曲面の分類ができるように
なります．1982年，ビル・サーストンはそれまで知られていた3次元
多様体の8種類のクラスを列挙し，それらの曲面上の距離の定義がそれ
ぞれ異なることを示しました．サーストンは，それら以外のどの3次元
多様体である曲面も，これら8種類の基本型を「縫い合わせる」ように
して作ることができると予想しました．

　サーストンの8種類のクラスはいずれも，リー群（136参照）に対応
しています．そのうちもっとも単純なクラスはユークリッド幾何学に対
応し，10個の有限で閉じた多様体を含みます．それ以外のクラスは球
面幾何学や双曲幾何学を含み，まだ完全には分類されていません．それ
らを互いに対応付けるには，3次元多様体の基本群の構造を反映する必
要があります．

　2003年に，グリゴリー・ペレルマンは，サーストンの予想を証明し
ました．それは，リッチフローと呼ばれる発展的なアイデアを用いて，
異なる幾何学構造を等しくなるように決定する，というものでした．

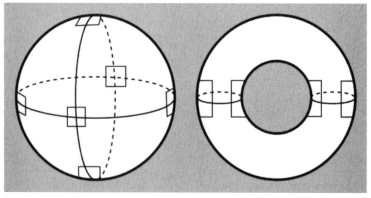

球面とトーラス面の表現．球面やトーラス面といった2次元多様体が縫い合わせで作
成できることは以前から知られていました．サーストンの幾何化定理によれば，3次
元多様体も，このような縫い合わせで作成できることになります

⑰ ポアンカレ予想

　ポアンカレ予想は，クレイ数学研究所のミレニアム懸賞問題（⑲参照）の一つでしたが，グリゴリー・ペレルマンが 2003 年に証明したことで，最初に解決しました．ポアンカレ予想を簡潔に言い換えると，「全ての 3 次元の閉じた多様体で穴のないものは，位相幾何学的に 4 次元球の表面（3 次元の広がりをもつ球面）と同相である」ということになります．

　もしすべてのループを 1 点に縮めることができるならば，基本群は自明であり，その空間には穴がありません（単連結として知られます）．2 次元多様体では，この特徴をもつ曲面は 1 種類だけで，トポロジー的に球面と等しくなります．1904 年にアンリ・ポアンカレは，このことは 3 次元多様体でも成り立つだろうと予想しました．要点は，穴がないのに球面とは等しくならない，そういう突飛で驚くべき単連結な 3 次元多様体が存在するのかどうか，というところにあります．ペレルマンは，この可能性はサーストンの幾何化定理（⑯参照）により除外されることを示しました．ただし現在までのところ，ペレルマンはその業績による 100 万ドルの賞金を受け取ることを辞退しています．

　ポアンカレ予想と同様の予想をより高い次元に当てはめた場合については，実際のところもっと早く解決されていました．5 次元の場合については，1960 年代にスティーブン・スメールが取り組み，後にマックス・ニューマンがそれを改良しました．4 次元の場合については，1982 年にマイケル・フリードマンによって示されました．

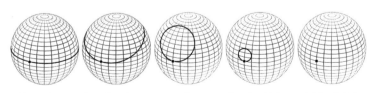

普通の球面と同相の曲面上では，ループは一つの点にまで縮めることができます

⑱ ホモロジー

　ホモロジーとは，位相空間において「穴」の数を数える方法です*.
空間において，境界をもたない集合で，なおかつ他の集合の境界になっ
ていないものについて，それを穴と考えます.

　空間におけるホモロジー群は，集合を図のように三角形に分割するこ
とで計算できます. その集合を，頂点，稜線，三角形の面，体積をもつ
四面体，さらにはその高次元版の集合に置き換えるわけです. この手法
を組み合わせて，面を辺などに分割する境界作用素や，向き付けを定義
して，群構造を構築することができます. 他の手法としては，コホモロ
ジーと呼ばれるものがあります. それは，低い次元の要素から高い次元
の要素を構築する，というものです. いずれの方法が簡単にそして明解
に応用できるかは，問題によります.

　ホモロジー群は，ホモトピー群よりも扱いがずっと簡単です. しか
し，場合によってはホモロジーの手法では検出しづらい穴というものも
あるため，ホモトピーの手法は依然必要とされています.

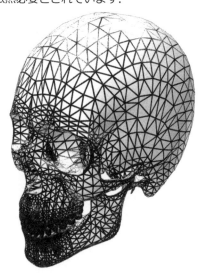

⑰⑨ ベクトル束

　ベクトル束は，位相幾何学の構造を，物体の内部ではなく表面全体に渡って扱う方法を提供してくれます．

　まず物体の表面全体に渡るベクトル束を，表面上の各々の点において定められるベクトル空間（⑬⓪参照）を用いて定義します．つまりベクトル空間内で，ファイバーと呼ばれる特徴的な要素を選び，それを表面上の点に関連付けるとベクトル場を形成することができ，それぞれの点におけるベクトルの矢印で表すことができます．

　束の定義は，多様体（曲線や曲面の高次元への拡張）を記述するのに多くの方法を提供してくれます．この考え方によればオイラー標数（⑰⓶参照）を自然に自己交点数と見なすことができます．それは表面上のベクトルが０となる点の数に関係しています．オイラー標数が０でないとき，多様体における連続的なベクトル場には，必ずどこかに０ベクトルの点があります．このことは「毛玉定理」と呼ばれることがあります．つまり，図のように，髪の毛を多様体上のベクトル場になぞらえると，０ベクトルの点が存在するということは，どのように髪の毛が流れていても，少なくとも一つの「つむじ」ができる，ということに相当します．

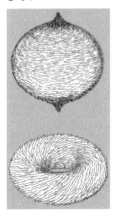

毛だらけのボールと毛だらけのトーラス形はそれぞれの表面上のベクトル束が取りうる流れの様子を示します．トーラス形のオイラー標数は０なので，つむじはありません

⑱ K理論

　K理論は1950年代に発展したもので，多様体上のベクトル束を，環（⑬参照）や群（⑱参照）といった異なるクラスに分類することができます．この分類により，これまでとはまた異なる，位相表面における穴の数を数えるための方法を導くことができます．

　K理論は，ホモロジー（⑱参照）の改良版である「コホモロジー」と共通点があって，微分方程式の適用において非常に便利な道具であることが実証され，非可換幾何学の分野の発展における理論的な基礎となっています．非可換幾何学とは，代数的な記述が非可換となる空間，言い換えれば xy が必ずしも yx と等しくなるとは限らない空間，における幾何学です．理論物理学においてK理論は，ひも理論のような分野で重要な役割を果たします．ひも理論とは，宇宙にあふれる素粒子を，高次元のひもの振動によって記述しようとする理論です．

⒅ 結び目理論

　結び目（knot）とは，図のように，3次元空間内に埋め込まれた閉曲線すなわち閉じた曲線のことを言います*．二つ以上の結び目すなわち閉曲線が組み合わさったものは絡み目（link）と呼ばれます．結び目理論の目的は，これらの結び目を分類して列記することです．つまり，それらはどのように表現されるべきか，またそれらを互いに区別するには，どのようなルールが要るのか，を調べることです．

　それによれば，二つの結び目があるとき，次のルールでそれらを等しいとします．そのルールとは，これらを実際にひもで作って少しずつ変形させて行き，切ったり裂いたりすることなく，片方の形から他方の形に合わせることができれば，それらは等しいとするものです．しかし，それでも結び目を比較するということは困難であり，簡単な解決方法はありません．結び目不変量という特徴量をいろいろと定義することができますが，それらはあるタイプの結び目であればすべて同じになり，変形操作によっては変化しません．知られているすべての場合において，結び目の種類が違っていても，結び目不変量が同じになることがあるので，これらの不変量は結び目を区別する判断基準とは言えません．

結び目理論は，生物学の分野において，DNAやそれに関連する長いタンパク質の構造を記述するのに役立ちます．また，低次元の力学系において，ある微分方程式における周期軌道がどのように振る舞うかを決定するのにも使われています

⑱ 論理入門

　図に示したシャーロック・ホームズの名言はまさに数学者がとる方法を表しています．数学者は厳密とか緻密という言葉を論理的に用いますが，これらは結論の正当性を保証する言葉であるとともに，すべての場合が尽くされ他の可能性は全くないという確信や自信を表しています．本書では証明に用いる論理学的な用語をそれほど厳密には使っていませんが，論理や論理学はそれ自体重要な数学分野の一つなのです．

　数学においてこうした論理の規則を用いる目的は，扱う対象の性質をさまざまに組み替えたり言い換えたりしながら，基本的な命題が真のときに，その命題や性質を組み合わせてできる派生的な命題も真になることを示す道筋を定めることだと言えます．論理構成の厳格さがあってこそ，抽象的な性質や対象がもつべき形式上の確固とした定義や性質を与えることができるのです．数学では，理想的には「原始的」な対象と，その性質を表す「公理」を出発点とし，これらから論理を通して複雑な定理などの命題が構築されます．そのような公理体系の例は，古典幾何学（⑤参照）や集合論（㉑参照）において顕著に見られます．

　数学者は，定義から出発して直観の力によって，一つの「予想」を導きます．次にその予想の真偽を証明しようとします．真であることが証明されたとき予想は「定理」と名を変え，正確・厳密・詳細な命題になります．定理は考えている対象に関する新たな性質を示していて，定義を出発点として論理的に導かれることになります．

　数学には，言葉ではわかりきった「自明」なことのようでも，きちんと直観で理解することが途方もなく困難な問題がありますが，その場合でも論理を展開することによって答あるいは証明を導き出すことができます★．つまり論理展開の労力があって初めて真に「自明」なものになります．これは数学のもつ面白さの極みであると言えます．

> **不可能な事柄をすべて消去していって，最後に残るものがもしあり得ないものであったとしても，じつはそれが正解なのだ．**

⒙ 証明入門

　証明はある結果を導くための議論であり，単に「合理的な」疑いを晴らすという程度ではなく，まったく一点の疑いの余地がない程度まで論証することです．これは証明の最低限の原則なのです．ところが実際には論理的な段階をすべて完全に踏むための空間的，時間的な余裕がありません．そこで，詳細については「明らか」または「自明」だとしてスキップしてしまうこともあり，せっかくの証明に穴があいてしまう可能性があります．

　証明とは一体何かを詳細に突き止めることはある意味で難しいことです．人によって証明の捉え方は異なります．数学に関わらない人であっても，例えば社会学の問題での証明などで，数学的な観点からしてもその証明が厳格に正当なものであることは当然ありえます．ところが別のある人にとっては，証明は論理を理解できる機械や火星人によってしかわからないような難解なものなのです．

　証明を定式化するためにはいくつかの異なった戦略があり，このあとの各項目で示すように，与えられた問題ごとにさまざまな異なった方法があります．そして結果を得るために最も単純で，最も明解な道筋を見つけることが，数学における技能の一つなのです．

ルイス・キャロルの有名な『不思議の国のアリス』には，多くの証明の例が散りばめられています．同時に，証明方法を正しく理解していないがために起きる誤った考えも見ることができます

𝟷𝟾𝟺 直接証明

　もっとも単純な証明は直接証明です．いくつかの仮定から出発して，一連の論理的な文脈を経て期待する結論に至ります．

　ところが，そのようにスムーズに証明が進むことはまれであって，当初の公理や仮定から出発して一歩一歩論理を積み重ねる作業は，たとえ途中で近道をしたとしても完結は難しいのです．

　通常の直接証明の進め方は，一連の単純な論証規則に従うことによります．次に示すモーダスポネンスという推論形式はその典型例です．

　いま Q であることを証明したいとします．まず「P ならば Q である」ことが真であること，つまり「もし P が真であれば，Q も真である」ことを証明します．次に，「P が真である」ことを証明します．この２段階の証明によって Q が証明できます．図にモーダスポネンスの簡単な例を示します．

　この例で，前述の命題 P は「正の偶数はある正の整数の２倍である」です．命題 Q は「正の偶数の２乗は４で割り切れる」です．

　ほとんど自明なことを，並べ替え，言い替えをしているにすぎないように感じられます．しかし，直接証明は数学の証明方法の基盤をなすものなのです．

　もちろん，いろいろな証明方法は単純ではありません．そして，例えば図を用いる証明，確率論的証明，数学的帰納法（𝟷𝟾𝟾 参照）などの証明方法については，哲学的な議論に発展することもあります．

モーダスポネンスの簡単な例です．「あらゆる正の偶数は２乗すると４で割り切れる」ことを示したいとします．正の偶数はある正の整数 n を用いて $2n$ と表されます．これを２乗すると $4n^2$ ですから４で割り切れることが証明できました．

⑱ 背理法

　論理学において帰 謬 法（ラテン語の「reductio ad absurdum」）と呼ばれる論法は，ある事柄を否定することによって不条理なあるいは無意味な結論が得られることからその事柄の正しさを示す論法です．帰謬法の数学バージョンが背理法です．帰謬法で不条理な事柄を導くのと同様に，数学の背理法の場合は真である既知の事柄に対する矛盾を導きます．

　背理法によって，命題 Q が真であることを示すための論証手順は次のとおりです．

- ・Q が偽であると仮定します．つまり Q の否定が真であると仮定します．
- ・この仮定のもとで，既知の偽の命題が結論されることを論証します．例えば，$0 = 1$ といった偽の式などを結論づけます．
- ・これによって，当初の「Q は偽である」という仮定が偽である，つまり「Q は真」であることが示されたことになります．

　よく知られた例としては，素数が無数にあることの証明（⑲参照）で背理法が用いられています．

「バベルの塔の崩壊」★

⑱ 存在証明

　存在証明とは，与えられた条件を満たす対象が実在することを証明することです．数学における対象は抽象的な概念のことが多く，その存在について，実際には存在しないものの性質を調べようと膨大なエネルギーを浪費することがあります．存在証明を用いればその無駄とも言える徒労から開放されるのです．

　存在証明の方法には，基本的に2種類あります．1番目は，「存在」という言葉通り，対象やその性質の具体例を作る「構成的証明」です．たとえ抽象的な対象においてもその対象は具体的に「実在」すると考えます．2番目の方法は，「非構成的証明」です．対象の具体例を示すのではなく，論理的に存在が必然であることを示す方法です．

　構成的証明は容易に理解できます．例えば，「16で割り切れる偶数が存在する」ということを証明してみます．16は偶数であり，16で割り切れる数でもあるので，16という数はこの命題を満たし，これで存在が証明できたことになります．もちろん，他の16の倍数を用いてもよいのですが，存在証明としては典型例の16によって示すだけでよいのです．

　それに対して，非構成的証明はかなり技巧的になります．例えば，方程式 $9x^5+28x^3+10x+17=0$ の実数解が存在することを，下のように，実際に解を求めることなく示します．その場合，もう少し考察を進めると，実数解はその1個のみであることを示すこともできます．

方程式の左辺を y とすると，$x=0$ のとき $y=17$ になり，$x=-1$ のとき $y=-30$ になります．ここで中間値の定理（⑱参照）を用いると -30 と 7 の間の任意の y の値に対して，対応する x が -1 と 0 の間に存在します．したがって，右辺の値の $y=0$ になるような x が -1 と 0 の間に存在することになり，実数解の存在が証明できました．

⅟87 対偶と反例

　Pの否定は記号で $\mathit{not}\,P$ または $\overline{P}$ などと表され, Pが偽のとき $\mathit{not}\,P$ は真, Pが真のとき $\mathit{not}\,P$ は偽になります. 論理の規則では,「PならばQ」(命題)は「$\mathit{not}\,Q$ならば $\mathit{not}\,P$」(対偶)と同値(真偽が一致)です.「PならばQ」を証明するよりも, 否定の関係「$\mathit{not}\,Q$ならば $\mathit{not}\,P$」(対偶)を証明するほうが易しいということがよくあります. これが「対偶」による証明法です.

　対偶による証明は, ふつうは証明すべき命題が真の場合に行います. ところが, 数学の研究においては「予想」の段階での証明が多く, 偽であることを証明しなければならない場合もあります. その証明にはふた通りの方法があります. 一つはQを証明する代わりにQの否定を証明することです. 二つ目は命題Qを満たさない例つまり「反例」を一つだけ見つけることです. 例えば, 命題Qが「すべての偶数は4で割り切れる」であるとき, 偶数6はQを満たさないので反例になり, Qが偽であることになります.

命題「ある元が集合Aの元ならば, その元は集合Bの元である」
対偶「ある元が集合Bの元でないならば, その元は集合Aの元ではない」

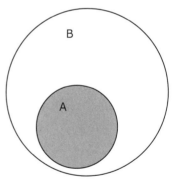

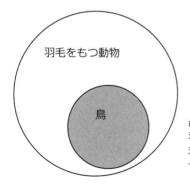

命題「ある動物が鳥ならば, その動物は羽毛をもつ」
対偶「ある動物が羽毛をもたないならば, その動物は鳥ではない」

⑱ 数学的帰納法

　数学定理の証明において条件に正の整数が現れる場合がよくあります．例えば「$n=1, 2, 3, \cdots$ のとき命題 $P(n)$ を証明する」という場合です．数学的帰納法は，このように n の値が無限に続くような条件を含む定理の証明に用いられる有力な方法で，ある結論をそれぞれの n について個々に示すのではなく定められた段階を踏んで導きます．

　1．$n=1$ のとき結論が正しいことを示す．つまり $P(1)$ を証明する．

　2．$n=k$（$k \geq 1$）のとき結論が正しいと仮定する．つまり $P(k)$（$k \geq 1$）を仮定する．

　3．$P(k)$ を仮定すると，$P(k+1)$ も成り立つことを示す．

　4．これですべての n について $P(n)$ が成り立つことが示された．

実際には 1 〜 3 の三つのステップの証明を行うのですが，あたかも自分で自分を証明する自動機械のように，どこまでも続く証明になっています．$P(1)$ がステップ 1 で示され，ステップ 3 によって $P(2)$ も正しく，さらにステップ 2 と 3 によって $P(3)$ も正しく，というように次々に証明が連鎖するのです．ただし，無限の証明への疑念など，哲学的な理由から数学的帰納法が拒絶されることもあります．

　下に数学的帰納法によって最上段の数式を証明する例を示します．

$$P(n) : 1+2+3+\cdots+n = \frac{1}{2}n(n+1) \quad (n=1, 2, 3, \cdots)$$

1．$P(1) : 1 = \frac{1}{2} \times 1 \times (1+1)$ は成り立つから，$P(1)$ は正しい．

2．$P(k) : 1+2+3+\cdots+k = \frac{1}{2}k(k+1)$（$k \geq 1$）を仮定する．

3．$P(k)$ を仮定すると $P(k+1)$ であることを示す．
上の 2．の式の両辺に $(k+1)$ を加えると，

$$1+2+3+\cdots+k+(k+1) = \frac{1}{2}k(k+1)+(k+1)$$

右辺をまとめると $(k+1) \times \left(\frac{1}{2}k+1\right) = \frac{1}{2}(k+1)(k+2)$ となり，$P(k+1)$ が導かれた．

4．数学的帰納法によって $P(n)$（$n=1, 2, 3, \cdots$）が成り立つ．

---

189 総当たり法と消去法

「総当たり法」は問題をいくつもの場合の部分に分けて，一つひとつ調べていく方法です．歴史的に有名な例は四色問題です（158 参照）．非常に多くの場合分けをして，それぞれが一つのコンピューターで扱うことができるくらいに小さな問題の集まりにして，そのすべてがしらみつぶしに調べられました．ただし，それで「ほんとうにすべての場合を尽くすことができたのか」という問題も提起されました．

次は「消去法」です．シャーロック・ホームズの消去法は一見総当たり法と似ています（182 参照）．しかし，ここで言う消去法ではすべての可能性を考慮することを避ける工夫がなされ，対偶法（187 参照）に近いのです．図のようにラムズボトム氏以外の容疑者をしらみつぶしに調査することによって，容疑者がすべて無罪であることを証明できたとします．このことを前提とすると，「もしラムズボトム氏が犯人でないとしたら，（ラムズボトム氏を含め）すべての容疑者は犯人ではない」と言えます．その対偶は，「もし（ラムズボトム氏を含め）すべての容疑者のうちに犯人がいるとすれば，ラムズボトム氏が犯人だ」と言えます．

ところで，忘れてはいけない根本的な仮定があります．それは「ここにいるものの他には容疑者はいない」ということです．このことが，多くの探偵小説などで，孤立した田舎の一軒家が舞台に選ばれる理由なのです

⑲ 数論入門

　数論は文字通り数の性質を調べることで，とりわけ自然数に的を絞って研究することを意味します．本書でもこの数論を「整数論」と考えて自然数に絞って紹介します．実数や複素数よりも低い扱いを受けがちな分野ですが，けっしてそうではありません．自然数は世界のより本質的な部分に関係しているので，自然数とその性質についての理解を得ることを過小評価するべきではありません．数論つまり整数論は数学の中でも最も深遠な問題を扱っているのです．

　整数は素数（⑫参照）から成り立っています．そのため，整数論の問題の多くが図のような素数に関係しています．そして素数は「暗号理論」という整数論の最も重要な応用分野の中心をなす問題の一つであって，例えばEメールのやり取りや銀行取引での秘密性は，整数論での素因数分解の問題を基礎に作られる「鍵」によって保持されます．また，大きい素数を操作することによって，使いやすくなおかつ解読の難しい暗号を生成することが可能になっています．

これは「ウラムの螺旋（ら せん）」として知られているもので，興味深い素数のパターンを示しています．整数を，中心から外に広がっていく四角形の螺旋状に並べていくと，素数が45°方向の斜めの直線上に並ぶ様子が分かります

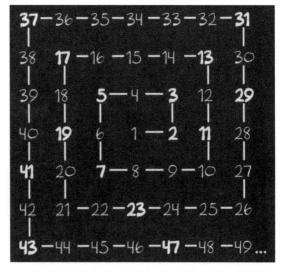

⑲¹ ユークリッドと素数

　素数が無数にあることの証明は，2000年以上前のユークリッドの「原論」に記されていますが，ここではそれとは少し異なる証明をしてみます．これはいろいろ試みられている証明の中でも最も明解な例です．背理法によるもので，結論の否定を仮定すると，不合理あるいは矛盾する結果に至ることを示します．

　まず素数が有限個しかないと仮定し，その個数を整数 N として，N 個の素数を p_1，p_2，$\cdots$，p_N とおきます．数 x はすべての素数の積より1だけ大きい数 $x = (p_1 \times p_2 \times \cdots \times p_N) + 1$ だとします．

　このとき，x を p_1，p_2，$\cdots$，p_N のうちのどれで割っても1余って割り切れず，x は1と x それ自身でしか割り切れないことになります．つまり，x は素数ということになります．しかし，それでは素数は N 個しかないという仮定に反します．したがって，素数は有限個という仮定は誤りで，素数は無限個あることが証明できたことになります．

40,000個の正整数によるウラムの螺旋（⑲⁰参照）．素数を黒い点で表してあります

⑲2 双子素数

　双子素数とは2だけ離れた2個の素数のことを言います．例えば，素数の列2, 3, 5, 7, 11, 13, 17, 19, 23, 29, 31, 37, 41, 43, 47, 53, …のうち，(3, 5)，(5, 7)，(11, 13)，(17, 19)，(29, 31)，(41, 43) などが双子素数に当たります．そのうち特に (3, 5, 7) は三つ子素数です★．

　10^{18} より小さい双子素数は 808,675,888,577,436 組存在することが示されています．「双子素数は無数に存在する」という双子素数の予想についてほとんどの数学者が信じていますが，まだ未解決です．

　双子素数の亜種といえる素数の対としては，2個の素数の差が4の場合のいとこ素数，差が6の場合のセクシー素数などがあります．その例を図に示します．一般に，どんな偶数 k に対しても，k だけ離れた素数対が無数に存在するという予想が提唱されていて「ポリニャックの予想」と言われています．

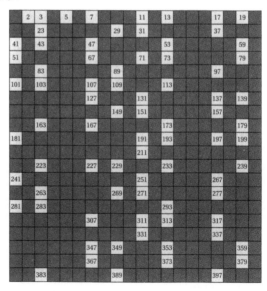

⑲³ 素数定理

　素数定理とは，任意の数 x より小さい素数の個数は近似的に $\dfrac{x}{\ln x}$ $\left(=\dfrac{x}{\log_e x}\right)$ で与えられるというものです．この定理は，整数の中に素数がどのように分布するのかについて知るための道筋を提供します．

　カール・ガウスは，既知の素数の表を用いて素数の密度を推定した結果 $\dfrac{1}{\ln x}$ という式で近似できることを示しました．それによれば，数 x のまわりの小さな幅 d の範囲内に素数が存在する確率はほぼ $\dfrac{d}{\ln x}$ の程度になります．従って，数 x より小さな素数の個数は積分 $\displaystyle\int_2^x \dfrac{dt}{\ln t}$ で与えられ，その大きさの程度（order）は $\dfrac{x}{\ln x}$ だと考えられます．

　図は x より小さい素数の実際の個数を表す曲線（上）と $\dfrac{x}{\ln x}$ のグラフ（下）を並べて示したものです．曲線の接近の様子から $\dfrac{x}{\ln x}$ は良い近似になることがわかります．しかし，正確な結論は，リーマンのゼータ関数と呼ばれる数式を用いることによって初めて可能になることがわかっています（⑲⁴参照）★．

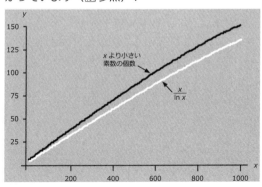

⑲④ リーマンのゼータ関数

　リーマンのゼータ関数は素数の分布と密接に関係しています．実数 $s>1$ に関するゼータ関数 $\zeta(s)$ とは，すべての正の整数を指数 s でベキ乗したあと，次の式の中辺のように，その逆数の無限和をとったものとして定義されます．

$$\zeta(s) = 1 + \frac{1}{2^s} + \frac{1}{3^s} + \cdots = \prod_{p\,素数}\left(1 - \frac{1}{p^s}\right)^{-1}$$

　この和は，右辺の総乗記号 $\prod$ を用いて，すべての素数についての無限積の形で表されます．この右辺は，レオンハルト・オイラーの名が付けられて「オイラー積」と呼ばれます．

　実数 s に関するゼータ関数 $\zeta(s)$ を，解析接続（⑭⑧参照）の方法によって，複素数の s （ただし $s \neq 1$）での「解析関数」に拡張することができます．さらに計算を進めると，図のような等式を導くことができます．この式で驚くべき点は，x より小さい素数の自然対数の和と，x そのものと，そして ζ 関数をゼロにするような z （つまり零点）での x^z の間に厳密に成り立つ関係式だということです．つまり，ζ 関数の零点について知ることによって，x より小さな素数について完全に説明することができるのです．

左辺は，正の実数 x が与えられたとき，1 以上のある整数 m について $p^m \leq x$ になるようなすべての素数 p についての和を意味します．"prime" は素数を意味します

$$\sum_{p\ prime,\ m \geq 1,\ p^m \leq x} \ln p =$$

$$x - \sum_{z\,:\,\zeta(z)=0} \frac{x^z}{z} - \frac{\zeta'(0)}{\zeta(0)}$$

195 リーマン仮説

　リーマン仮説とは，どんな s の値でリーマンのゼータ関数 $\zeta(s)$ がゼロになるかを示す仮説です．ドイツの数学者ベルンハルト・リーマンは，負の偶数 $s = -2, -4, -6, \cdots$ において自明なゼロ点をもつことを示しましたが，じつはこれらのゼロ点はリーマン仮説には重要な意味をもちません．$\zeta(s) = 0$ を満たすその他の自明でない解 s の実数部はすべて $\frac{1}{2}$ をもち $s = \frac{1}{2} + ix$ ($i = \sqrt{-1}$) の形をもつということがリーマンによって提唱され，リーマン仮説と呼ばれています．図のグラフにおいて，最初の自明でないゼロ点は $x = -14.135$ と $x = 14.135$ に見られます．

　リーマン仮説は未解決問題で，クレイ数学研究所のミレニアム懸賞問題（199参照）の一つになっています．ダヴィット・ヒルベルトの 23 の問題にも入っています（31参照）．最初の 10 兆個のゼロ点はすべて $s = \frac{1}{2} + ix$ の形であることが証明されていますが，一般的にはまだ証明されていません．

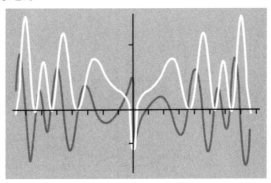

$s = \frac{1}{2} + ix$ のときのリーマンのゼータ関数 $\zeta(s)$ の実数部［白］と虚数部［灰色］を x の関数として示したグラフです．両曲線が同時にゼロになるときが自明でない $\zeta(s)$ のゼロ点です

196 ピタゴラス数

　ピタゴラスの定理 $a^2+b^2=c^2$ を満たす3個の自然数の組はピタゴラス数と呼ばれます．例えば，(3, 4, 5) は $3^2+4^2=9+16=25=5^2$ となるのでピタゴラス数です．

　一組のピタゴラス数になった三つの数に同じ数をかけてもピタゴラスの定理の式を満たしますからこの三つの数はやはりピタゴラス数です．このことからピタゴラス数は無数にあると言えます．しかし，三つの数が互いに素，つまり公約数をもたない場合に制限しても，やはりピタゴラス数は無数にあることを示すことができます．この互いに素なピタゴラス数を「原始ピタゴラス数」と言います．

　原始ピタゴラス数を求めるにはある巧妙な方法があります．正の整数 x, y ($x > y$) に対して，$a = x^2-y^2$，$b = 2xy$ とおきます．このとき，$a^2+b^2 = (x^2-y^2)^2 + 4x^2y^2 = (x^4-2x^2y^2+y^4) + 4x^2y^2 = x^4+2x^2y^2+y^4 = (x^2+y^2)^2$ と書けるので，3数 $(x^2-y^2, 2xy, x^2+y^2)$ はピタゴラス数です．さらに x と y が互いに素ならこの組は原始ピタゴラス数になることが言えます．一般にどんなピタゴラス数もこの式で表されることが知られています．図にピタゴラス数の分布を示します．

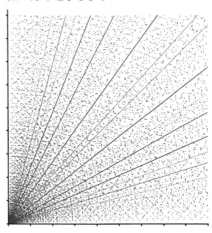

ウラムの螺旋（らせん）における素数の分布と同じように，ピタゴラス数の分布を図に示すとある構造が見て取れます．この図は $a^2+b^2=c^2$ を満たす (a, b, c) のうち点 (a, b) を直交座標平面上にプロットしたものです★

⑲⑦ フェルマーの最終定理

　フェルマーの最終定理とは，$n \geq 3$ のとき方程式 $a^n + b^n = c^n$ を満たす正の整数 a，b，c は存在しない，というものです．$n = 2$ であればピタゴラス数を解にもちますが，それを $n \geq 3$ の場合に拡張したものです．フランスの数学者ピエール・ド・フェルマーは 1637 年に数学の教科書の余白にその定理を書き留めたのでした．ただ，その証明法について明示せずに，ほのめかすような書き方しかしていません．図のように，$n = 4$ の場合を除いて証明を残していないのです．あるいは証明がどこかに存在しているとしても，未発見のままです．

　それ以降 350 年にわたって数多くの独創的な研究が積み重ねられ，アンドリュー・ワイルズ（現在はアンドリュー・ワイルズ卿）がケンブリッジのアイザック・ニュートン研究所で証明を発表しました．ワイルズの当初の証明には問題点があったものの，それが解決された論文の最終版が 1995 年に受理されました．ワイルズが採った方法は楕円曲線の理論（⑲⑧参照）に基づくもので，もし 3 以上の n で方程式が解をもつとすると，当時予想されていたある別の重要な命題に反してしまう，というものです．ワイルズはその重要な命題を証明することに成功し，結局フェルマーの最終定理が証明されたのでした．

　一つの立方数を二つの立方数に分けることは不可能だ．一つの 4 乗数を二つの 4 乗数に分けることはできない．一般に，2 乗より大きな累乗数を同じ累乗をもつ二つの数に分けることはできない．この定理についてすばらしい証明を発見したが，この本の余白はそれを書き記すには狭すぎる．

ピエール・ド・フェルマー

198 曲線上の有理点

　平面曲線上の点のx座標とy座標がともに有理数，つまり2個の自然数の比の形になっている点を有理点と言います．とりわけ，楕円曲線上の有理点について調べることは，フェルマーの最終定理（197参照）の証明において重要でした．

　整数に関するフェルマーの関係式 $a^n + b^n = c^n$ の両辺を c^n で割ると $\left(\dfrac{a}{c}\right)^n + \left(\dfrac{b}{c}\right)^n = 1$ です．この方程式が解をもつとすると，その解は $x^n + y^n = 1$ の上の有理点に対応します．$n = 2$ の $x^2 + y^2 = 1$ の場合には無数の有理点が存在し，$a^2 + b^2 = c^2$ は無数に多くの解をもち，したがって無数のピタゴラス数が存在します．ところが n が 2 を超えると問題はいちだんと複雑になります．

　このように曲線上の有理点と方程式の整数解が対応することから，研究の焦点は一般に連続曲線が有理点を通る様子を調べることに向かいました．単純な曲線の場合，その曲線上には無限に多くの有理点が存在するか，あるいは全く存在しないかです．ところが，曲線がより複雑になると有理点の個数が有限個だけという曲線も存在します．

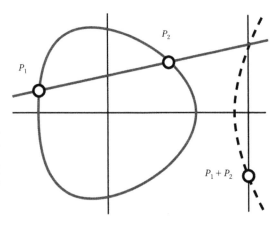

楕円曲線と群論は密接な関係をもちます．曲線上の 2 点 P_1 と P_2 を結ぶ直線は曲線と第 3 の交点をもち，その点を x 軸について対称移動した点を，2 点 P_1 と P_2 に対する演算の結果得られる点だと考え，2 点の和として $P_1 + P_2$ と表します．この演算について有理点の集合に群構造が見られるのです★

バーチ・スウィンナートン=ダイアー予想

　バーチ・スウィンナートン=ダイアー予想はクレイ数学研究所のミレニアム懸賞問題の一つにもなっている未解決問題です．リーマンのゼータ関数が素数の個数についての情報を与えるのとよく似ていて，この命題は楕円曲線上の有理点の個数に関連するベキ級数が存在することを予想します．

　もう少し詳しく言うと，一つの楕円曲線に対して，ある係数 $\frac{a_n}{n^s}$（$n = 1, 2, 3, \cdots$）をもつ，s についてのベキ級数の形に書ける関数を定義することができて，その関数の $s = 1$ における振る舞いによって，楕円曲線が無限に多くの有理点をもつのか，それとも有限の有理点をもつのかが定まるというものです．

　一般には未解決ですが，いくつかの特別な場合については証明されています．上で示したような関数の性質を理解することによって，数論上の性質を導くことができるということ，それが理論の興味深い点だと言えます．

クレイ数学研究所のミレニアム懸賞問題

　P ≠ NP 問題
　ホッジ予想
　ポアンカレ予想　　✓
　リーマン仮説
　ヤン-ミルズ方程式の存在と質量ギャップ問題
　ナビエ-ストークス方程式の解の存在と滑らかさ
　バーチ・スウィンナートン=ダイアー予想

囲 ラングランズ・プログラム

　ラングランズ・プログラムは数論と群論の分野における問題の，互い
に連結しあっていると考えられる予想の集まりで，それらの分野だけで
はなく根本的に無関係だと考えられてきた多くの数学分野を統一する可
能性をもたらしています．カナダの数学者ロバート・ラングランズが
1960 年代に初めて提唱して，それ以来さまざまな予想が分野間の対応
を表す辞書のように発展してきました．つまり，一つの理論でのある結
果が他の数学分野での類似の結果をも示唆するのです．

　例えばフェルマーの最終定理（囮参照）の証明過程における最後の
段階はラングランズ・プログラムに従った形で成功を収めました．

　数論と群論には成果を出している分野がある一方で，じつは未解決の
問題が数多くあり，ラングランズ・プログラムはこれらの未解決の分野
における現代数学問題の統一をもたらす強力な理論の一つだと考えられ
ています．

用 語 解 説

円錐曲線 / Conic sections　直円錐と平面との交線がつくる曲線族のことです。平面と円錐の位置関係による断面の形状の違いによって，円，楕円，放物線，双曲線に分類されます。

可換 / Commutative　集合に属する任意の2個の要素 a と b の間の演算「$\circ$」が，交換（法）則 $a \circ b = b \circ a$ を満たすとき，演算は「可換」「交換可能」「交換（法）則を満たす」などといわれます。

核 / Kernel　ベクトル空間において，ゼロベクトルを像にもつベクトルの集合。ゼロ空間とも言います。

可算 / Countable　集合の要素を番号付けできるとき集合は可算です。無限集合でもかまいません。つまり集合の各要素と自然数の集合の要素が1対1に対応可能な場合，その集合は可算であると言います。

関数 / Function　定義域に属する任意の値に対して，値域に属する関数の値の1個を対応させる数式。$f(x)$ と書かれることが多いです。

級数 / Series　無限項の和。

極限（値）/ Limit　収束する数列が近づく値。言い換えると，任意の精度を表す数に対して，数列のある項が存在して，それ以降の項はすべてある値との差がその精度より小さくなるようなある値のことを極限または極限値と言います。

虚数 / Imaginary number　ゼロでない複素数のうち虚数部がゼロでない複素数，言い換えると，a を実数，b をゼロでない実数として $a + ib$ と書ける複素数。特に $a = 0$ のとき，ib は純虚数と呼ばれます。

群 / Group　抽象代数学の基本的な構造の一つ。集合 G の2個の元に対する演算「$\circ$」が与えられ，次の4条件が成り立つとき G は群であると言います。
　・G において演算「$\circ$」が閉じている，つまり a と b が G の元のとき，$a \circ b$ も G の元である。
　・演算「$\circ$」は G で結合的である。
　・G に単位元 e が存在して，すべての G の元 a に対して $a \circ e = a$ が成り立つ。
　・G の任意の元 a に対して $a \circ b = e$ となるような G の元 b（逆元）が存在する。

計量，距離 / Metric　空間内の2点に作用する関数で，2点間の隔たりを与えます。距離 d は次の三つの性質を満たします。$d(x, y) = 0$ となるのは $x = y$ のときそしてそのときのみです。任意の x，y，z に対して，$d(x, y) = d(y, x)$ です。$d(x, z)$ は $d(x, y) + d(y, z)$ より大きくなることはありません。距離は積分によって定めることもできます。

結合的 / Associative　集合に属する2個の要素の間の演算「$\circ$」が，その集合の任意の3要素 a，b，c の演算について $a \circ (b \circ c) = (a \circ b) \circ c$ が成り立つとき，演算は結合的，または結合（法）則を満たすといわれます。

指数関数 / Exponential function　オイラーの定数 e を底として指数を x とする冪（ベキ）で表される関数 e^x を指数関数と言います（底を e に限らず一般の正の数 a（$\neq 1$）とした a^x も広義に指数関数と呼ばれます）。

自然数 / Natural number 本書では整数のうち負の整数を除いたもの {0, 1, 2, 3, …} を自然数と呼びます。0を含んでいますが、0を含めない場合もあります。本書では0を含めない {1, 2, 3, …} を「正の整数」と呼んで自然数と区別します。

実数 / Real number 有理数、または有理数列の極限値である数。すべての実数は10進法で表すことができます。

集合 / Set 要素または元と呼ばれる対象の集まり。数学における対象を分類するにおいて、もっとも基本となる概念です。

収束 / Convergence 関数値がある極限値に近づく性質のことで、関数はその値に収束すると言います。

数列 / Sequence 順序付けされた数の並び。それぞれの数は項と呼ばれます。

整数 / Integer 小数部分がゼロの実数。負の数も含みます。

積分 / Integral 関数を積分した結果。

積分計算 / Integration 微積分を用いて面積を計算する過程。

像 / Image ある関数または写像について、与えられた定義域内のすべての値に対して得られるすべての値の集合。

双曲線 / Hyperbola a, b を正の数として、方程式 $\dfrac{x^2}{a^2} - \dfrac{y^2}{b^2} = 1$ で表される曲線。

測度 / Measure ある集合の部分集合に作用する関数で、さまざまな部分集合の大きさを定める機能をもちます。測度は（高度な）積分法や確率論において重要な概念です。

素数 / Prime number 1より大きく、1とそれ自身の他に約数をもたない整数。

楕円 / Ellipse a と b を正の定数として $\dfrac{x^2}{a^2} + \dfrac{y^2}{b^2} = 1$ で表される閉曲線を楕円と言います。特に $a = b$ のとき曲線は円になります。

テイラー級数 / Taylor series x の関数について、点 x_0 の周りでのテイラー級数とは、各項が $(x - x_0)^n$ $(n = 0, 1, 2, 3, …)$ の形をもつ級数で、x が x_0 に十分近い値のときに収束するもので、$f(x) = f(x_0) + f'(x_0)(x - x_0) + \dfrac{1}{2}f''(x_0)(x - x_0)^2 + \cdots + \dfrac{1}{n!}f^{(n)}(x_0)(x - x_0)^n + \cdots$ と書けます。

導関数 / Derivative 微分可能な関数を微分して得られる関数。

非可算集合 / Uncountable 非可算集合とは可算ではない集合です。したがって、各要素を番号付けできない集合です。

微積分法 / Calculus 関数について、極限の概念を応用して、関数の変化率を求めること（微分）および、級数の和を求めたり、グラフに囲まれた面積を求めること（積分）を微積分法と言います。

微分 / Differentiation 変数の無限小の変化に伴う関数の値の変化の極限を考えることによって、グラフの傾きまたは関数の変化の割合の極限を求める計算過程。

複素数 / Complex number 二つの実数 a と b によって $a + ib$ と表される数を複素数と言います。i は -1 の平方根 $\sqrt{-1}$ であり、虚数単位と呼ばれます。a と b は、複素数の実数部分（実部）と虚数部分（虚部）です。

フラクタル / Fractal どれだけスケールを小さく下げても，相似な繰り返し図形の特徴が見られる構造．

分配的 / Distributive ある集合の要素の間の2種類の演算「∘」と「×」が任意の3個の要素 a, b, c について，$a \times (b \circ c) = (a \times b) \circ (a \times c)$ を満たすとき演算「×」は「∘」に対して左分配的であると言い，$(a \circ b) \times c = (a \times c) \circ (b \times c)$ を満たすとき演算「×」は「∘」に対して右分配的であると言います．「×」は「∘」に対して左分配的かつ右分配的であるとき，分配的であると言います．上の計算式はそれぞれ左分配法則，右分配法則とも呼ばれ，両方満たすとき「×」は「∘」に対して「分配法則を満たす」と言います．

ベクトル / Vector 向きと大きさをもつ数量を言います．あるベクトルはユークリッド空間において直交座標 $(x_1, \cdots, x_n)$ によって表すことができます．あるいは，抽象的なベクトル空間においては基底ベクトルの線形結合として表されます．

ベクトル空間 / Vector space ベクトル和とベクトルのスカラー倍つまり定数倍が定義されるベクトルの抽象的空間をさします．

放物線 / Parabola $y = ax^2 + bx + c$ で表される曲線．ここで，a, b, c は実数，a はゼロでないとします．

有理数 / Rational number 整数をゼロでない整数で割った分数の形に書ける数．すなわち，a を整数，b をゼロでない整数として a/b のことです．

連続性 / Continuity 鉛筆で紙面に関数のグラフを描くとき，紙面から鉛筆を持ち上げることなく描くことができるのであれば曲線は連続です．また，曲線上のある点で連続の場合，曲線上をその点に限りなく近づくときの関数の極限値と，その点での関数の値は一致します．

訳　　注

図はアリトメティカ（算術）より．左側にアラビア数字を使うアルゴリスト，右側にソロバンを使うアバシストが描かれています．Gregor Reisch, *Margarita Philosophica*, 1503 より．

③

1：図は，デューラーによる右手の人差し指と左手の親指が接する図．人差し指は「一本」という個数を表し，親指は「一番」という番号を表していると思われます．Albrecht Dürer, *Boy's Hands*, 1506 より．

2：例えば，0 から 1 の区間を単位区間，半径 1 の円を単位円，長さ 1 のベクトルを単位ベクトルと言います．

④

ゼロの数学的な意味が初めて説明されたのはインドの数学者ブラーマグプタの『宇宙の始まり』（628 年）のようです．

⑥

2 進数 1000.0101 を 10 進数に置き換えると $(1 \times 8) + \left(1 \times \frac{1}{4}\right) + \left(1 \times \frac{1}{16}\right)$ となります．

⑧

自然数：0, 1, 2, 3, 4, …
偶　数：0, 2, 4, 6, 8, …
奇　数：1, 3, 5, 7, 9, …
素　数：2, 3, 5, 7, 11, …
平方数：0, 1, 4, 9, 16, …

⑩

$x = 0.3333333\cdots$ とおくと $10x = 3.3333333\cdots$ となります．この二式の差をとると $9x = 3$，よって $x = 1/3$．

⑪

図は Carxton and Jacobus, *The Game and Playe of the Chesse*, 1483 に見る版画．右手の哲学者が左手の王様にチェスを教えています．

⑫

エラトステネスのフルイ法によれば，100 以下の素数は 2，3，5，7 の倍数を消去するだけで求められます．

⑮

黄金比を $\phi = a/b$ とおくと，$\phi = 1 + 1/\phi$ より $\phi^2 = \phi + 1$．この 2 次方程式を解くと $\phi = (1 + \sqrt{5})/2$．したがって黄金比は無理数です．

⑰

1：小数点以下 762 桁目から 9 が連続で 6 個並ぶ "999999" の部分（右下から 2 行目）はファイマンポイントと呼ばれています．

2：2020 年 6 月 9 日には小数点以下第 100 兆位まで算出されました．

3：π の語呂合わせは「産医師異国に向う，産後厄なく産婦み社に，虫さんさん闇に鳴く」．

⑱

1：語呂合わせは「鮒一鉢二鉢一鉢二鉢しごく惜しい」．

2：確率統計学における標準正規分布や気体分子運動論におけるマクスウェル分布に現れます．

3：例えば複素指数関数（⑯）$e^{iy} = \cos y + i\sin y$ が成り立ちます．

図の対数計算尺の上尺と下尺の目盛りの2と8は上下一致していませんが正確には一致します.

27
二つの有理数 a, b の間に有理数 $(a+b)/2$ が存在します.

29
可算と仮定された実数 a_n のうち3個が,例えば $a_1 = 0.123\cdots$,$a_2 = 0.789\cdots$,$a_3 = 0.456\cdots$ のように始まるとすると,新しい実数はこの3個の数の中の対角線方向にある a_1 の中の1と a_2 の中の8は6に替えられ,a_3 の中の6は7に替えられて $0.667\cdots$ で始まります.数字が替えられたため,この新しい実数は a_n のどれとも違ってきます.

33
例えば,「任意の無限集合は可算無限の部分集合をもつ」ことや,整列可能定理の証明に用いられます.

34
英語で表を Head,裏を Tail と言い,TTH は1回目はT,2回目はT,3回目はHであることを表します.

35
自然数全体の集合のベキ集合は連続体の濃度をもち,これは実数全体の集合の濃度と同じになります.

36
発散数列には,振動して特定の値に収束しない数列も含まれます.

38
1:π を求めるニュートンの方法は逆三角関数のテイラー展開を利用します.
2:極限を求める操作の応用研究として三つの成果があげられますが,それらについては ⑩⑪ の微分,⑩③ の導関数,⑩⑧ のテイラーの定理が参考になります.

40
1:フィボナッチは1202年に『算盤の書』を書き,アラビア数字による筆算を当時のヨーロッパ圏に紹介しました.その中にフィボナッチ数列も紹介されています.
2:ヒマワリの種の連なりらせん.時計回りと反時計回りの種の数は,図のように,隣り合うフィボナッチ数列の数を見せます.

42
調和級数のグラフを片対数グラフにプロットすると漸近線が引けることが分かります.

43
1:π の上限と下限を決め,関係式 $\dfrac{22}{7} < \pi < \dfrac{223}{71}$ を得ました.左辺の $\dfrac{22}{7}$ は π の良い

近似分数です.

2：アルキメデスは $n=6$ の正6角形から出発して正96角形まで計算しました．アルキメデスの方法は四則演算と開平法（平方根を求める方法）を用いて計算します．

3：ニュートンは一般二項定理を用いた級数展開によりさまざまな公式を作って計算しました．

45

2020年には初期値が $2^{68}=$ 約 2.95×10^{20} まで成り立つことがコンピュータで確認されています．

50

指数関数 e^x のベキ級数（94参照）は x のすべての領域で収束します．

51

1：「原論」には数学でよく使われる「公理」のほかに幾何学に特有の「公準（postulate)」と訳される言葉が見られますが，現代では「公理」と「公準」はあまり区別されないことが多く，原書でも axiom と記載されていることから「公理」と訳しました．

2：この公理は，第5公理と同じものとして後世にジョン・プレイフェアが示したものです．「原論」での第5公理は，「1本の線分に交わる2本の直線について，線分の同じ側の内角の和が2直角より小さければ，2つの直線はその側で交わる」というものでした．

58

どのような三角形にも，外心，内心，垂心，重心の4心のほか，2辺の延長線と残る1辺に接する円の中心である傍心があり，合わせて三角形の5心と言います．ただし傍心は辺の選び方によって3個できます．

62

1：紀元前2000年ごろの古代バビロニアの粘土板に見るピタゴラスの定理を使った計算式．

2：大小の正方形を使ったピタゴラスの定理の証明．図の細線は小正方形と中正方形による平面充填図形，太線は大正方形（頂点は中正方形の中心）による平面充填図形．つまり1枚の大正方形の面積は1枚ずつの小正方形と中正方形の面積の合計になります．ところが3種類の正方形の辺の長さは影つき直角三角形の3辺の長さと等しいです．

72

2023年にデイビット・スミスらによって発表された，1種類のタイルによる非周期的タイル貼り．正三角形による周期的なタイル貼りから導かれています．

77

英語ではデカルト座標のことを "cartesian coordinates" と言います．これはデカルト（Descartes）の名字のうち "Des" はフランス語では冠詞と見なされるため，"cartesian" だけで「デカルトの」という意味になるためです．

89

1：英語では 2 次式のことを "quadratic" とも言います．"quadra-" は "4" を意味する接頭辞ですが，四角形を代表する形である「正方形」を指すこともあることから「2 乗」の意味でも使われます．日本語での「平方」に相当します．

2：英語では 3 次式のことを "cubic" とも言います．これは日本語での「立方」に相当します．

91

ここでの基本的な演算とは，四則演算（ ＋ － × ÷ ）とベキ乗根（ $\sqrt[n]{}$ ）を有限回用いる計算のことを言います．

93

1：$f(x) = \sqrt{1-x^2}$ の定義域は $-1 \le x \le 1$，値域は $0 \le y \le 1$．0 の像は 1 です．

2：多項式，三角関数，対数関数，指数関数などは初等関数です．

94

1：e^x の導関数はそれ自身に等しく $(e^x)' = e^x$ となります．

2：右は $y = \exp(x)$ の厳密な図

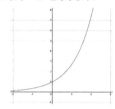

95

1：$y = f(x)$ のとき，逆関数は $x = f(y)$ とおいて，y について解けば得られます．例えば $y = x+2$ は $y = x-2$ となります．

2：$\log_e(x) = \ln(x)$ とすると，恒等式 $x = e^{\ln(x)}$ が成り立ちます．

96

第 1 種ベッセル関数 $J_n(x)$（$n = 0, 1, 2, 3, 4$）のグラフ．ベッセル関数は，惑星の軌道運動に関するケプラー方程式をベッセルが解析的に解いた際に導入されました．

97

85の図において，原点を O，座標 (x, y) の点を P とします．OP と x 軸の作る角 θ を反時計回りに測るとき，θ はすべての実数値を取ることができます．三角関数は $\cos\theta = \dfrac{x}{r}$，$\sin\theta = \dfrac{y}{r}$，$\tan\theta = \dfrac{y}{x}$ で与えられます．

98

例えば，$x \neq 0$ のとき $y = \sin(1/x)$，$x = 0$ のとき $y = 0$ となる関数は，$x = 0$ で不連続ですが中間値の定理の入出力関係を満たします．

100

例えば，96の関数 $y = |x|$ の $x = 0$ における割線は $x < 0$ では $y = -x$，$x > 0$ では $y = x$ となるので，二つの割線は一致しません．したがって $x = 0$ における傾きは存在しません．

101

例えば，関数 $y = x^2$ の傾きは次のように求めます．$\delta x = x - x_0$ とすると $\delta y = f(x_0 + \delta x) - f(x_0)$ より $\delta y = (2x_0 + \delta x)\delta x$ となり，$\delta x \to 0$ のとき $\delta y \to 2x_0\delta x$ より微分係数は $m = 2x_0$，導関数は $f'(x) = 2x$ となります．

102

関数 $f(x)$ の $x = a$ における弾力性 $Ef(a)$ は，$Ef(a) = af'(a)/f(a)$ と表されます．

103

e^x は 94 のベキ級数により表され，これを微分するとき，x^n の導関数を使えば $(e^x)' = e^x$ となります．ここで，145 の式 $e^{ix} = \cos x + i \sin x$ の両辺の実部と虚部を比較すると $\cos x$ と $\sin x$ のベキ級数の式が得られ，これらを微分すれば図の関係が導かれます．例えば，

$$(\sin x)' = \left(x - \frac{x^3}{3!} + \frac{x^5}{5!} - \cdots \right)' = 1 - \frac{x^2}{2!} + \frac{x^4}{4!} - \cdots = \cos x \text{ です．}$$

104

$(1/x)' = -1/x^2$ と連鎖律により $(1/v(x))' = -v'(x)/v(x)^2$ が成り立ちます．そこで，$u(x)/v(x) = u(x) \cdot (1/v(x))$ として積の法則を使って微分すれば商の法則が得られます．

105

図の三つの切片の総和は，$\Delta x = (b-a)/3$ として，$\{f(a) + f(x_1) + f(x_2)\}\Delta x$ となります．これを区分求積法と言い，a から b の区間の積分の近似値を与えます．

106

$F(x) = A(x) + C$（C は積分定数）であり，$\int_a^b f(x)\,dx = F(b) - F(a)$ が成り立ちます．

107

$y = \tan^{-1} x$ とおくと $x = \tan y$．両辺を y で微分すると $\dfrac{dx}{dy} = \dfrac{1}{(\cos y)^2} = 1 + (\tan y)^2 = 1 + x^2$ より $\dfrac{dy}{dx} = \dfrac{1}{1 + x^2}$．

108

50，94 参照．$1 + x + x^2 + x^3 + x^4 + \cdots$ は $-1 < x < 1$ のとき収束して $\dfrac{1}{1-x}$ となります．また，$1 + x + \dfrac{1}{2!}x^2 + \dfrac{1}{3!}x^3 + \dfrac{1}{4!}x^4 + \cdots$ はすべての x に対して収束して e^x と表されます．

110

変曲点は極大と極小の間にあります．例えば，91 の 3 次式を $y = (x+3)(x+1)(x-2)$ とするとき，$y'' = 6x + 4$ より変曲点は $x = -\dfrac{2}{3}$ です．この点を境にしてグラフの傾きは上に凸から下に凸に入れ替わります．

114

この grad(f) または ∇f は，2 次元の場合には $\left(\dfrac{\partial f}{\partial x}, \dfrac{\partial f}{\partial y} \right)$ のように x 成分と y 成分をもつベクトルです．

117

通常，グリーンの定理は，二つの関数 $P(x, y)$ と $Q(x, y)$ について，

$$\iint_A \left(\frac{\partial Q}{\partial x} - \frac{\partial P}{\partial y} \right) dx dy = \int_\gamma (P dx + Q dy)$$

とされています．ここで，$P = Q = f$ として，$\int_\gamma (P dx + Q dy) = \int_\gamma \boldsymbol{f} \cdot d\boldsymbol{s}$ とすれば本文の式になります．右辺の $\boldsymbol{f} \cdot d\boldsymbol{s}$ はベクトル $\boldsymbol{f} = (f, f)$ と $d\boldsymbol{s} = (dx, dy)$ の内積です．

123

1：ナブラとは，∇ のような逆三角形の形をしたヘブライの竪琴のギリシャ語名に由来します．英語では，ナブラのほかにデル（del）と呼ばれることもあります．

2：3 次元のベクトル関数を $f(x, y, z) = (f_x, f_y, f_z)$ とするとき，$\nabla \cdot f = \dfrac{\partial f_x}{\partial x} + \dfrac{\partial f_y}{\partial y} + \dfrac{\partial f_z}{\partial z}$ をそのベクトル関数の発散と言います．

3：閉曲線で切り取られた表と裏が区別される両側面があるとして，その曲線と曲面の関係を，ベクトルと積分を使って定式化する定理．

128

$\{r; Mr = 0\}$ とは $Mr = 0$ を満たすベクトル r をすべて集めた集合の意味です．

133
G から g，H から h をどのように選んでも ghg^{-1} が H の要素になる場合のこと．

134
単位元だけの群を「自明な群」とも言いますが，ここではある群に対して，「単位元だけの群」と「その群自身」を「自明な商群」と呼んでいます．

139
単純な代数的な演算とは，四則演算と冪乗根の有限回の組み合わせだけで表現できる計算のことを指します．解が実数であるにもかかわらず，式の内部に i（虚数単位）が現れることもありますが，それでも構わないことになっています．

151
ここでいう閉曲線とは，自身と交差しない閉じた曲線のことで，ジョルダン曲線，単純閉曲線，単一閉曲線などと呼ばれます．

156
もとの区域に戻る必要がないとして，奇数本の辺が出ている頂点が二つだけの特別な場合には，その片方の頂点から出発してもう一方の頂点に帰る，という道があります．

159
閾値 $\dfrac{\ln N}{N}$ の値は，$N = 50$ のとき 0.08，$N = 100$ のとき 0.05 の程度です．N が大きくなると，閾値が下がっていきますが，孤立点をもつ確率は p によって，階段状に 1 から 0 に変化します．

162
ブラウワーの不動点定理における前提条件は，例えば 1 変数関数 $f(x)$ の場合に，x の定義域と $f(x)$ の値域は等しい，すなわち a，b を定数として，$a \leq x \leq b$ かつ $a \leq f(x) \leq b$ といったような場合です．

167
図の左はデジタル日時計の本体．右は 13 時の太陽光線による影．デジタル日時計は，時刻に合わせて適切な影ができるようにその形状が機械的に変化しますが，フラクタルな日時計はそれを一つの立体で実現しようとするものです．

173
図では，角の先端は最終的に輪になっているように見えますが，実際には無限に枝分かれを繰り返すフラクタルとなっており，輪にはなっていません．また，この形状の表面は 3 次元の球の表面と同相ではありますが，この形状の「外側の空間」は球面の「外側の空間」と同相ではありません．この複雑な形状は，そういう特殊な場合がある，ということを示す例として提示されました．

175
スイスチーズ

178
ここで言う「穴」とは，ベッチ数（175 参照）に関係する，連結成分，穴，空洞といった形を n 次元に拡張したものです．連結成分は「0 次元の穴」，穴は「1 次元の穴」，空洞は「2 次元の穴」となります．

181
厳密には，自分自身と交わらないという条件もあります．また，「3 次元空間内に埋め込

まれた」とは，3次元空間内に置かれたという意味で，曲線自体の広がりは1次元です．

[182]
論理を用いて数多くの定理を証明したハンガリーの数学者ポール・エルデシュはコーヒー好きでした．それに気づいた友人は「数学者はコーヒーを定理に変える装置だ」といったそうです．

[185]
コルネリス・アントニスゾーン作，1547年.

[192]
互いに2だけ離れた3個の素数は（3, 5, 7）しかありません．それで，ふつう，三つ子素数は，（5, 7, 11）のように差が2と4になる場合と，（7, 11, 13）のように差が4と2になる場合とされています．

[193]
図は正確ではありません．

[196]
横軸を a，縦軸を b とすると，$a^2+b^2=c^2$ は a と b について対称式なので，グラフは45°の直線 $b=a$ について対称です．$a=x^2-y^2$，$b=2xy$ から y を消去すると $a=-\dfrac{1}{4x^2}b^2+x^2$，$x$ を消去すると $a=\dfrac{1}{4y^2}b^2-y^2$ となります．x と y は定数で，それぞれ右に凸，左に凸の放物線です．a と b を入れ替えると上に凸，下に凸の放物線になります．この図の中で頂点が a 軸および b 軸の上にあるような，いろいろな放物線を見ることができます．直線は原点と代表的な点を結んだものです．例えば，傾きが 3/4 の直線上には，（3, 4, 5）とその定数倍に対応する点が並んでいます．

[198]
楕円曲線とは $y^2=x^3+ax+b$（a，b は有理数）の形の3次方程式で表される図のような曲線です．グラフは x 軸対称で，x 軸と3個または2個または1個の点を共有します．例えば，曲線を $y^2=x^3-16x+16$ として，2個の有理点を $P(-4, 4)$，$Q(1, 1)$ とすると，その和 $P+Q$ も有理点 $\left(\dfrac{84}{25}, \dfrac{52}{125}\right)$ となります．

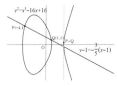

訳者あとがき

石井源久

エンジニアであれば数学は日常的に使うものですが, 私の場合, 主に使う分野は幾何学と代数学に限られています. 他の分野は活用する機会が少ないため, 忘れていることや初めて知ることも多く, 新たな発見を楽しみつつ翻訳を進めることができました. 各項目の解説は, もっと知りたい, と思うところで終わっていることも多いかもしれません. しかし昔と違って今は, インターネットで調べることも, チャット形式の AI に尋ねることさえもできます. 知りたい項目について詳しく書かれた書籍を見つけることもできるでしょう. 本書が, 数学の世界への新しい冒険のきっかけとなれば幸いです. 担当項目:51〜92, 118〜152, 160〜181.

海野啓明

数学の授業で不思議に思ったことは, 中学では「アキレスとカメのパラドックス」, 高校では微分における無限小の考え方, 大学ではコンピュータの実数値表現でゼロは正規化できない唯一の数ということでした. 本書では項目ごとに解説と図が入っていて, 上記のことが要領良く説き明かされています. また, 図の出典とその意味を調べることも楽しく, 実験結果と見られる図を良く観察すれば新たな気づきがあり, それが理解を深める助けになると思います. なお, 翻訳に際しては吉田洋一『零の発見』(岩波書店), 赤攝也『集合論入門』(筑摩書房), 森口繁一『数値計算術』(共立出版) を参考にしました. 担当項目:1〜50, 93〜110.

日野雅之

高校生の頃は数学に漠然と憧れ, 大学初年度は解析学と線形代数の授業の中で数学に触れることになりました. もし本書が手元にあれば, 当時の数学の思考は広く深くなっていたに違いありません. 幅広い項目をあれこれ拾い読みでき, 難解な数学もわかりやすく説明されていて, 図も豊富で見て楽しみながら, 気軽に読むことができます. 関心のある事項についてはインターネットや図書館で検索して深めることもできます. 本書を手元に置いて『数楽』の一助にしていただけるとうれしいかぎりです. 担当項目:111〜117, 153〜159, 182〜200.

付記

本書の原著は, 幅広い分野の数学を, かなり高いレベルで一般人向きに平易に解説しようとする数学入門書となっています. その矛盾をはらんだ本書を完成させるため3訳者は互いに緊密な連絡を取り合いました. その間, 数学に詳しい平石博之氏から貴重な助言をいただきました. また丸善出版企画・編集部第二部長小林秀一郎氏には煩雑な企画編集作業に携わっていただきました. 記して深謝します.

索　引

[原著者]

ポール・グレンディンニング (Paul Glendinning)
マンチェスター大学数学部教授(応用数学専攻)

見てわかる
数学入門ショートストーリー 200

令和 6 年 1 月 31 日　発　行

	石	井	源	久
訳　者	海	野	啓	明
	日	野	雅	之
編訳協力	宮	崎	興	二
発行者	池	田	和	博

発行所　**丸善出版株式会社**

〒101-0051　東京都千代田区神田神保町二丁目17番
編集：電話(03)3512-3264／FAX(03)3512-3272
営業：電話(03)3512-3256／FAX(03)3512-3270
https://www.maruzen-publishing.co.jp

組版印刷・創栄図書印刷株式会社／製本・株式会社 松岳社

ISBN 978-4-621-30880-6　C 0041　　　　　Printed in Japan